超大数集合都市へ

篠原一男

篠原一男 *Kazuo Shinohara*

略歴

1925　静岡県生まれ
1953　東京工業大学建築学科卒業，同大学助手
1962　東京工業大学助教授
1967　「日本建築の空間構成の研究」にて工学博士
1970　東京工業大学教授
1972　日本建築学会賞
1984　イェール大学客員教授
1986　東京工業大学名誉教授
1986　ウィーン工科大学客員教授
1989　芸術選奨文部大臣賞
1990　紫綬褒章
1997　毎日芸術賞特別賞
2000　旭日中綬章

主な著書・作品集

『住宅建築』紀伊國屋書店 1964
『住宅論』『続住宅論』鹿島出版会 1970，1975
『篠原一男』『篠原一男２』美術出版社 1971，1976
『KAZUO SHINOHARA』SADG+L'Equerre 1979
『KAZUO SHINOHARA』IAUS+Rizzoli 1981
『KAZUO SHINOHARA』Ernst & Sohn 1994
『篠原一男』TOTO出版 1996

篠原一男展（抜粋）

主催：フランス建築家協会（1979-80：パリ，アーヘン，ローザンヌ，チューリヒ，パルマ），IAUS（1981-83：ニューヨーク，ニューヘヴン，マニトバ，モントリオール，ケンブリッジ），日本建築学会（1984：東京），国際建築サロン（1988：パリ），マーストリヒト州政府（1988：マーストリヒト），東京工業大学（1990：東京），大阪府建築士会（1990：大阪），コロンビア大学（1991：ニューヨーク），オーストリア建築家協会（1997：クレムス）

主な作品

久我山の家（1954），白の家（1966），谷川さんの住宅（1974），上原通りの住宅（1976），高圧線下の住宅（1981），ハウス・イン・ヨコハマ（1984），東京工業大学百年記念館（1987）

Kazuo Shinohara at House in Yokohama (1984), photo by Yoshio Takase

目次

撮影＝篠原一男

第一章　一本の道に

道に〈都市〉現象す

今通り過ぎた街が私の後ろにある。一本の道がまっすぐ伸び、遠い向こうで視野から消える。そこへは行けないが、通り過ぎてきた街のように、それも美しい家並みに違いない。見えない遠くに、見知らぬ美しい街を思い、私はそこに立ちつくす。

一本の道に私の〈都市〉が現象する。私は歩いてきた、多くの一本道を。

「中世の歴史がありふれた町並みの所どころに露出している東北のある古い街を歩いていたとき、私は次第に感情が高まって行くのを気づいた。その町のはずれまで来たとき、私は目くるめくような空間のなかに包まれた。西に向かう街道の正面には午後の太陽があって、両側に離散的な間隔に並ぶ民家が逆光のなかにほとんど黒い影となって空間を限っていた。私が歩いている路面は私の少し前方で、真っ白になった光のなかに消失していた。人通りはほとんどない。時間が空間のなかにすっかり吸収されてしまっていた。一瞬激しい感動が私を襲った。未来都市のなかに構築される街にも、この光景は現象しなければいけない」(「数学都市」『篠原一男 16の住宅と建築論』美術出版社一九七一年)。

「ホテルに着き荷物を部屋におくと私は街に飛びだした。西アフリカ、サハラ南縁のオートボルタの首都ワガズグの代表的なホテルだが、少し歩くと両側の住宅は素朴な材料で造られた平屋が並ぶ。しかし広びろとした道の並木はのどかで美しい。道路境界の土塀の入り口から私を見ている目の列に気づいた。黒い肌に目がくっきりと光る。それは物珍しいアジアからの訪問者への好奇心であっても、警戒した視線ではない。土塀の切り口から中庭の生活断片が覗かれた。首都の住宅街というより、どこの国にもある農村集落の風景のようであった。ここは郊外ではなく、二、三階建ての大使館なども並ぶ首都中心街にそれほど遠くない。アフリカのなかでも貧しい経済の国のひとつであると旅行案内にあったが、優しさが浮かんだ目、顔の表情から、この街の性格を感じ取った。西アフリカの特徴の強い樹木が水平の視線を止めている。大通りから横に折れた。小さい子供たちの笑い顔が私を取り巻いた。そのひとりと握手した。次の瞬間、六、七人の子供がその後ろに列をつくって、次つぎと私にボンジュールといい、握手を求め、そしてちょっと胸を反らせて離れていった。突然強い風が起こり、空が黒く覆われ、驟雨がきた。私はワガズグのいくつもの通りを夢中で歩き、人とものが溢れた雑踏の市場も通り抜け、そしてどこでも静かな微笑の眼差しに出会った。この平坦なサハラ南縁の都市は、最初の通りの上にすべて現象していた」(「ブラック・アフリカの街で」『季刊デザイン』一九七六年四月)。

優しい起伏の道沿いに〈中世〉が

「間もなく道は、両側に迫って立ち並ぶ古い宿場町にさしかかった。道には照明がなかったから、それぞれの家の奥の座敷についている電灯がわずかに気配を感じさせるだけだった。民家の集落は黒ぐろとした空間としてそこに立っていた。道がわずかに上り坂になった頃、集落の中心に入ったように思えた。突然、目の前に真っ黒な民家の側面が浮かび上がった。山のなかの道には自然が残っていて、それに民家は直線上に揃って立っていないから、闇のなかを歩く私の前方には、民家の側面が次つぎと出入りして、驚くような黒の空間が展開していった」(「住宅論」『新建築』一九七二年二月)。

「ふと氏(篠原)が立ち止まることがあった。記憶を手繰り寄せるように、氏がかって歩いたある町の一角を探しておられるようだった。そこは大通りに面して豪奢なファサードを見せるシュテファン教会から少しはずれた旧市街の一角で、ウィーン大学からオットー・ワグナーの設計した郵便貯金ホールへと続く道を左にそれた、ひっそりとした路地だった。気のせいかほの暗いその路地を入ると、右方向にカーヴする通りに面して窮屈にひしめきあうファサードが生き物のように湾曲し、路地にせりださんばかりだ。通りの窓から一階の低いヴォールト天井を覗くことができる。そこには十八世紀の鋳物職人の工房がそのままの形で残っていたり、終日陽もささないような古道具屋などがある庶民の生活の場だった。そこは重い歴史の陰りがあった。〈いいなと思った通りを歩いていた記憶は、肉体の中に残る。その場所に来ると、道路と両側の高さとの相対関係が一瞬に体の中のエコーとなってよみがえる。道幅や建物の高さのバランス。そうしたものがウィーンには凝縮されている〉」（ロート美恵「小さな空間、小さな建築こそ、社会を動かす」『建築技術』一九九八年三月）。その小路はシェーンラテルン（美しい街灯）という名である。

〈七つの丘の街〉といわれるリスボンの、そのひとつの丘を城塞と伽藍と住居が隙間なく埋めたアルファマは〈中世にたてられた街だがムーア人の住居はなかった〉と案内書に書いてあった。街から急な坂を上っていくと、ゼ（Se）大伽藍が坂の中途にある。ほとんどケーブルカーのような角度に路面電車の軌道があるが、道路中央から外れて伽藍壁面すれすれに車体が通って中央線にすぐ戻る。急な坂を登る人が選ぶ勾配緩和のための折線蛇行のように。二、三階建ての石造住居がこの急斜路の両側に高い密度で並ぶが、この旅行の後半に訪ねたモロッコのカサブランカ、フェズのメジナ（カスバとも呼ぶ）の路地風景とは、迷路性は同じだがどこか表情が違う。急勾配と狭い幅の道の両側を埋める住居群が起伏と曲りを繰り返す。路地がふた股に分かれるところでは石の階段が加わって、家並みの舞台装置を組み立てている。急に広がった視野の眼下に海のような広い水面が光っていた。スペイン、トレドの風景のひとつの特徴をつくるタホ川、その下流、テイジョ川の河口であった。この中世的街並みは往来する人の視線方向を目まぐるしく移動させる。夜、長い歴史時間を通過してきた石の壁面の街灯がわずかに照らしだす路沿いのファド・レストランで〈ポルトガルの時間〉を過ごした。人びとが寄り添って住む集落空間のひとつの原形の横断。中世ムーア人の攻撃に備えて築いたという、頂上の壮大なサン・ジョルジュ城の横断記憶は私のなかに残っていない。

カスバ・ラビリンス

「カサブランカに着いた夕方、外国人は迷うから入らないほうがよいとホテルでいわれたが、現代的オフィスが建ち並ぶ、その直下に広がるメジナに魅かれて友人とふたりで入っていった。文字通り一歩ごとに北アフリカのアラブ人の空間が次つぎに現れてきた。突然現れたモスクの塔のシルエットとその上に光る大きな月、異質の空間を緊張しながら通り抜けた。

翌朝、地平線に太陽が上がり始めた空港から、中世モロッコの首都であったフェズに飛んだ。さらに完全に異質の空間が魅力的な迷路の街をつくっていた。せいぜい一メートル余の道幅の曲り角で不意に荷物を運ぶ驢馬とすれ違う。両側の民家の古びた壁に、ときおり開かれていた扉から覗いた薄暗い家のなかに、あるいはどこまでも不思議な延長をもつ迷路の真上の青い空に、北アフリカの中世が深く染み込んでいた。素晴らしく魅力的であった。しかし、それは閉じられた空間であった。この旅行の始め、イギリスで、ポルトガルで、初めてその内部に入ったゴシック大伽藍の閉じて完結した空間との出会いに似ていた」(「非合理都市と空間機械」『新建築』一九七五年三月)。

このモロッコ〈中世空間〉を代表する街の横断にはガイドが同行した。ここに住む人たちにはこの路地は迷路ではない、深い山のけものみちがそこを通る動物には見通しが用意されているように。人びとはその特有の空間感覚でこの往来を楽しんでいるはずだ。もし幾何格子状の都市に彼らが入ったときは、あまりにも単純な見通しに戸惑うかもしれない。距離と生活様式が遠く離れた国の集落がもっている魅力、それはエキゾチシズムを超えてどのようなルートで現代集落と接続するのか。異国人はシークエンス(連続系)をつくる家並み個々の微妙な差異を瞬間に記憶ができない。それが迷路の特性。その路地に、モスクの入り口が直接開かれている。それまでのシークエンスが途切れたリズムの転調。しかしそれも異国人には集落の組み立て方を記憶する標識にはならない。黒、ブルー、白の明快な色の衣装の女性たちと行き交う中世路地のほの暗さ。そして、そこに不思議な懐かしさも浮かんでいた。住まうことが世界内の共通項として、時空を超えて連鎖するからだ。

シエナ上空から街区全景を写した写真がある。特徴ある外形輪郭の広場が紛れもないシエナの標識である。イタリアは中世になって〈都市国家〉と呼ばれる政治を形成した。この写真のシエナ街区は中世そのままではないとしても、ここに〈中世都市〉の鮮明な構図が現れている。強靭な形の特異さ。緩やかに湾曲する下り坂道に沿って、明るい石壁の家並みが続く。窓枠、扉に塗られた色が七月の強い太陽光をさらに鮮やかにする。勾配が違ったふたつの道の辻にくると、南欧の日常ドラマを演出する路面と階段の組み合わせが、その伝統がない国からの訪問者にうらやましいような風景となる。狭い道幅と両側の家の高い外壁がつくるU字形チャネル（溝型空間）を歩いていくと、突き当たり、チャネル断面の縦長矩形の下の方に、あの優雅な錐面の広場が光っていた。すぐにそこに下りないで、別の道へ回り、この広場の小断片との出会いを私は繰り返した。硬質の明るい仕掛けのラビリンス。

「けものみち」のつくりかた

木々に覆われた深い山のなかにけものが通る道が隠されているという。そこはけものを追う猟師たちの世界。それを見たことがない私が、その道のつくりかたに触れるのはひとつのゲームにすぎない。人間が立っていることも難しい斜面に、けものの躯体感覚が選んだ道がつけられる。人間との遭遇を避け、その場その場で道の曲がりを決めながら、危険の少ない方向を絶えず選んでいく。ユークリッド幾何学の測地線とは異なる最短距離になる。自然発生という事物のひとつの組み立てかた。

千メートル級の二十数峰の山間の、急流に沿った奈良十津川村を、ダム工事が進行中の一九六〇年代初めに私は訪ねた。対岸の山斜面にかかる霧が、雲のように流れる。かつて十津川郷士と呼ばれ、幕末の動乱期にその名が登場した人びとの後裔たちが生活する、山塞のような住居が激しい急斜面に取りついて散在する。古代貴族の住宅形式、寝殿造りの構成を思わせる、広縁と分割構成（日本の空間構成伝統。一九六〇年、建築学会提出論文に定義。『住宅建築』紀伊國屋新書一九六四年）の最も単純な一列座敷配列のように見える平面である。高低差が激しい斜面方向には、平面奥行きが取りにくいという条件がそれをつくりだしたと思うが、社会民俗学の対象でもあるその生活風俗を含めて、ここは日本の秘境のひとつといわれてきた。川に沿っているが水面より遙かに高い位置のバス通りが、集落内部を結ぶ唯一の等高線沿いの道、私も奈良市内から七時間かかってここに着いた。昔、村の外へは山の尾根伝いにつくられた道を歩いたという話を聞いたとき、ふと〈けものみちの測地学〉を思った。鬱蒼とした樹木に覆われ、川の氾濫に左右されない、また道の見通しが保証された尾根の小路。人もけものも、生活局所の自然環境の諸条件に直感で対応して〈合理的な空間〉をつくってきたはずだ。深い山のなか、人はけものと、けものは人との出会いの危険を避けて、自然と社会の規制に対応してきた。道は不規則な曲がりや幅をもってつくられたが、それは〈最適計画〉であった。長い時間が経ち、集落の懐かしい思い出の歴史時間を写しだし、住む人、訪ねてきた人に優しく生きる線形空間となって現象する。そして近代が発明した〈合理主義と呼ばれる幾何学〉という、もうひとつの構成原型と鮮やかな対比をつくる。〈けものみち〉をここで復権させ、機能させることができないか。

〈けものみち〉のような中世の集落路は紛れもなく合理であった。一方、近代社会制度、ときには気ままな専制君主の道路計画も合理といわれてきた。合理はその時代の社会——特別な個人を含め——が決める判断なのだ。西欧近代都市の、計画による統一の始祖はアジアの古代帝国の象徴的な都城計画にある。私の都市論は、この対極のメカニックをめぐって、その基底の輪郭が組み立てられる。

一直線路ヴィスタのつくりかた

古代帝国、中国の首都は幾何学座標のような格子の街路網で構成されている。彼らの高度な文化の直接の影響下にあった古代日本の首都、平城京、平安京も、厳格な対称形の格子街路になった。南北軸の中央大路の正面北限に天皇の政治・生活空間の華麗な宮殿がある。しかし、ほかの街路の両側を埋めた民家は多分粗末な架構であったろう。江戸期の洛中洛外屏風絵の民家からもそれが推測できる。今の京都祇園、とくに白川沿いの民家の豊かな架構は古い様式をよく残した近代の建物であって、古い時代の様式そのものではない。古代都城の格子路の両側を埋めた粗末な民家は、正面宮殿の華麗さを際立たせていたろう。その大路に立ったときの見通し（ヴィスタ）は、ヨーロッパの石造や煉瓦造のキューブの家屋で両側が限界される硬質のチャネルにはならない。ヴィスタ正面の宮殿がただ孤立していたはずである。古代格子街区は近代社会の制度・思想と連動した近代幾何学の均質な格子座標系と同質ではない。古代、それは人類社会のなかで最も激しい階級区分の社会である。

国土スケールの景観との組み合わせといってよい、アッピア街道はローマ城壁のひとつの門を起点に南に向かって走る。〈すべての道はローマに通ずる〉という言葉はこのヴィスタのためにある。アッピアという語の響きに、イタリア語を知らないが、青空の爽やかさを私は感じる。紀元前三世紀、この街道にかかわった政治権力者のキリスト教の僧侶名という。地図のなかに〈旧アッピア〉と記された一〇キロの直線路で始まる。計画という行為のなかで、これは最も単純そして最も強力なもののひとつ。この強引な一直線街道に沿って、人びとが住んでいたというイメージは浮かび上がらないが、一方で、都市というイメージをこれほど強く直截に喚起する造形も少ない。見えないが、遠い彼方に間違いなく次の都市がある。私にこの街道の起点を訪ねる機会がなかったが、しかし、この一直線路の名の明るい響きは、遠い古代という時空の断片を、そして都市を考えるとき、いつも浮上し強い情感を喚起する。

敷地境界が見えないような広大な敷地に、建物と庭を自由に設計してよいといわれて、フランス王ルイ十四世のように振舞えるだろうか。幾何直線の単純延長とは違う何かが、近世絶対君主制のなかでもずば抜けた権力をもった王を動かしたのだろう。ヴェルサイユ宮、〈鏡の間〉から望む〈大運河〉の光る水面が喚起する〈表現の欲望〉。その動機は王本人の説明以外有効ではないだろう。そこで営まれた貴族男女たちの数々のドラマを記憶している幾何学庭園の真中を、この一直線軸の大運河水面は突き抜けて無限遠点に消える。無限遠点を視野のなかの実点としてマークする、バロック時代に現われた解析幾何学との同時代の世界観である。ここは宮殿庭園であって都市そのものではないが、しかし、鏡の間の真後から、その一直線軸の半截は宮殿前庭を通過してパリ市街中央に向かって彼方で消える。無限遠点を日常空間に持ち込んだのはたぶんフランス王制最盛期のこの権力者ただひとりである。この宮殿をモデルにしたというオーストリア、シェーンブルン宮でも見事な一直線軸構成があるが、無限遠点をそこにマークしない。

一直線軸構成は強烈な〈ミニマリズム〉といえるのだが、それは記憶の不思議な奥行きが与えられる。

ベルサイユ宮をめぐる私のイメージは、一直線軸ミニマリズムの造形に集中する。この宮殿工事がときのフランス国家経済を傾かせ、その一直線空間の少し先で、民衆蜂起の大革命がルイ十六世を待っていた。鮮やかな無限距離のヴィスタは短い時間距離の権力で支えられた。権力の栄光は消えたが、一直線造形の栄光は今も生きている。

路地のなかの神殿と客船

真夏午後の太陽の水平に近い光線が、低い民家の薄い黄土色の壁面が続く狭い路地を照らしていた。プラカはアクロポリス中腹の等高線沿いの古い集落。陽炎のような黄土色の光に包まれた道が、静かな曲線を描いている。歩いている右手に小さな空地があった。ふと見上げると、その奥の切り立った岩壁の上に白いエレクテイオン神殿の断片があった。遠い時空を飛び越えて、今日の通りの上に、ギリシア最高期の建築架構が接合されていた。日常と非日常の、無作為の強烈な空間の共時接合。

王宮の西隅付近からガムラスタンを一巡する道に私は入った。ストックホルムの街はこの集落から始まったという。狭い通りの両側に四、五層の石造壁面が連続し、路面の石畳と組み合わされて、硬質の縦長断面のチャネルをつくる。地形に従った路面の起伏と湾曲をもったチャネルの造形が、軽い木造架構の国からの訪問者に快い緊張感を持続させる。道の平面図と同形の空が四、五層の高さにある。等高線沿いの道と直交する路地が、小さな三叉あるいは四叉の辻をつくる。そのひとつの路地舞台にきたとき、等高線と直交するさらに狭い路地の突き当たりに、甲板に救命ボートが吊るされた、陽光に輝く真っ白な船腹があった。急傾斜の路地の突き当たりは港。ほの暗い中世的空間の縦長断面が、工業生産の先端のひとつ、大きな外洋客船の映像を切り取って接合していた。共時系都市の小断片浮上。

集落望遠

ポルトガルの西海岸はユーラシア大陸の最西端、この国の歌曲ファドの〈暗いはしけ〉の舞台になったという、ここナザレは海に向かって地表が緩やかに傾斜した広大な砂浜の漁港である。特異な形の船首、黒を主体の強い彩色の船腹の小船が浜辺に並ぶ。イベリアの白壁の家並みが緩やかな勾配で海に向かって下りてくる。白い壁の連なりに、ドアと窓が黒い点列をつくって、静かなリズムを造形している。ほの暗いという形容詞が〈中世的な表情〉に当てはまるとすれば、ここにはそれはなく、絵に描いたような明るいイベリアの情感が漂う。

遅い午後の陽に光る海を見ていたとき、海上に突きでた右手の岬の稜線に、何かのシルエットが逆光の点列をつくっているのに気づいた。一瞬、私のなかに〈戦慄〉が走った。それは岬の稜線の集落シルエットである。

その集落を訪ねた。真っ青な大西洋に正面を向けた小さな教会堂を囲んだ小さな集落だった。断崖際に海を背にして、教会堂正面にかわいい祠が立つ。漁民の安全を祈るのであろう。このような鮮烈な空間、海洋と向かい合って、どのように人は住むのか。極西の大きな風土と人工の小さな架構との壮絶な接合空間。極東の穏やかな風物のなかで住宅をつくる建築家は凝視し立ち続けた。


「そこから、ジェロニスモ僧院のほうに向かうため、しばらく川沿いに歩いた。間もなく川を背にして左に折れると、数人の少年たちがボールで遊んでいる、のびやかな芝生がそこにあった。向こう側は美しい木立ちが芝生を区切っていた。あまりにも無造作な、のびやかな風景にちょっと驚きながら私と友人は川に沿って歩いた。ふと向こうの樹の梢の形に沿うようにして真っ白な雲のような、しかし、もっと硬質なものが広がっているのに気づいた。遠い風景のようだ。ふと、それは少し離れたリスボンの丘陵を埋めている、私の真後ろから届いている夕陽を真っ正面に受けた住居群とわかったとき、言葉にならない感情が一瞬つらぬいた」(「非合理都市と空間機械」前掲書)。それは集落原風景といってよい、陽炎のように遠く浮上していた。もうひとつの原風景、少年たちが毬を追って走る〈何もない空間〉、懐かしい呼び名〈原っぱ〉が足下に広がっていた。

ミハスの白いキューブ集積

カサブランカからふたたびスペインに戻る途中、ジブラルタル近くで地中海を飛び越えてマラガに着いた。タクシーでコスタ・デル・ソル（太陽海岸）を走り、ミハスの白い集落を友人と訪ねた。海岸から右に折れると、緑の丘陵に白いキューブの集落が見え隠れする。スタッコ塗りの低い軒高の白壁が細い道の両側を限界して、日本の街並みには存在しない、硬質さと優しさが共存する丘陵の道が続く。等高線沿いの道に緩やかな起伏があって、人の歩みに快いリズムをつくる。上下のレベルの道は所どころで強い勾配の小路でつながる。そこで、人の視線方向が変り、素敵な視野が現われる。一〇月午後の陽で水平線まで白く輝く地中海があった。見えない遙か対岸は昨日まで旅した北アフリカ、モロッコである。カサブランカ（白い家）はミハスが視覚化した。連続する白壁にそれぞれの住戸扉と、道に直接開いている窓が、黒のヴォイドの点列をつくる。そこに、入り口に佇む人影が加わるとデ・キリコの絵のように一瞬遠近が失われた画面になる。路地面の質感と色は、この風景装置の主演者、白壁と同序列であって、助演者ではない。遠く離れた南欧の集落の白く重い無機質の道に、ふと懐かしい有機質の美学を私は見た。

「アルハンブラ宮殿はイベリア半島に残されたイスラム最高の芸術。しかし、これも私にとって美しく凍結された空間であった。けれども、そのあと歩き回った近代都市グラナダの大通りの上で、あるいは細い路地のなかで、私は〈本当のアルハンブラ〉をいくつも見つけた。この細かに砕かれた〈アルハンブラ〉は誰にも気づかれないように、さりげなく、街のいたるところにはめ込まれる。アルハンブラは丘の上の中世建築のなかではなく、その下に広がる今日の街グラナダのなかに生きていた」(「非合理都市と空間機械」前掲書)。スペインがイスラム支配を海に追いつめたレコンキスタ、国土回復闘争の最後の舞台、アルハンブラの歴史がその深い彫りの陰影を与えているのか。繊細な手法を凝結した装飾が覆う〈赤い宮殿・アルハンブラ〉ではなく、特別な舞台も用意されていない日常の通りの上に、アラブ・マグレヴの陰影がふと現象する。

宮殿を見下ろす丘の斜面にジプシーの名残りの住居が散在するアルバイシン。たぶん横穴住居が原型だったろうか、そのユニークな住居群は、夜はフラメンコ・ショーのレストラン、観光地点になっている。ここから遠くないミハスと共通する家並みだが、ここは素朴な荒さが目立つ。急坂の路地の狭い視野にアルハンブラの街並みが望遠される。遠、近のいずれも硬質な素材の装置がつくる透視画面の強さ。ユニークだがジプシー風俗の単一事物の通時集落は、それぞれ異なった時間あるいは習慣に属している共時集合が組み立てる、街の日常の通りの面白さに比べると表情の生起がない。

静かな美しさのなかの哀しみ

イェール大学のニューヘヴンからニューヨークを経てマイアミ、そこでペルー航空に乗り換えて、早朝のリマに着いた。リマに数日滞在したあと訪ねる予定を空港で急に変更してクスコ直行。アンデス山脈は気流が悪いので、リマ—クスコの飛行は早朝一、二便のみという。プロペラ機の窓に、低い朝の光を受けた乾いた土色の屋根が広がる〈インカ帝国の首都〉が現れた。ホテルに着くと荷物を置いて飛び出した。ホテル前の狭い道に重い感情を湛えたインカの見事な石積みが続く。一五三三年スペイン人ピサロにひきいられたわずかな数の兵士たちによって消失したアンデスの帝国。「インカ時代のクスコの街は、征服者のスペイン人によって徹底的に破壊された。ピサロは、これをスペイン風に再建したので、私たちの目にうつるのは、植民地時代の町構えである。しかし、このようなスペイン風の建物の礎石がそのまま利用されている場所がある」(泉靖一「南部アンデス」『世界美術体系』講談社一九六四年)。クスコの家並みの表情は静かに沈んでいた。なんという美しさ。

オートボルタ ワガズグ

ペルー クスコ

サンパウロ

ワガズグ

南スペイン ミハス

ストックホルム ガムラスタン

①通りの人影

インカ・インディオは蒙古系種族という。遠い昔、その種族は当時地続きのベーリング海峡を経て、南米大陸の果てのフェゴ島にまで到達したという。衣服の伝統が違うが、日本人とよく似た容貌の人びとに出会う。スペインの建物の伝統を強く残した家並みに、この人影が重なると、親しさと哀しみが私のなかで激しく交錯した。

クスコから毎日一列車、朝出て午後戻る間がその滞在時間になる、アンデス山中のマチュピチュを私は訪ねた。下方に見え隠れするウルバンバ川に沿ってバスが登る。一九一二年アメリカのひとりの考古学者によって発見され、高度三千メートルに築かれたインカ王最後の都城が突然現代にその神秘的な姿を現した。廃虚都市、そのなかに石積みの壁体に復元した草屋根を乗せた住居がある。しかし、それからインカ族の生活様式を推測するのは難しい。インカ石造という特異な手法を除けば、インカの空間伝統、その記憶の脈絡も閉じられていた。重厚な石積みが山肌の起伏にしたがって続く。どのような方法でこのアンデス山中のこの高さに都市をつくったのか。現代の彼らの服装から連想される鮮やかな色彩の動き、象徴的儀式を飾るため、その姿の群舞が覆ったであろうアンデス空中の草の大広場、いま裸形の空間。

ピサックの日曜朝市。ホテルから私はアンデスの山路をタクシーで訪ねた。断続するウルバンバ川の水面の光を遙か下に見つつ山腹の道、やがて小さな集落が左手に見えた。村に近づいて人の往来が賑わい始めたところで車を下りた。アンデス・インディオの女性たちの鮮やかな赤や青の衣装と黒フェルト帽子が小さな広場に溢れ、生き生きと華やかに動いていた。遠い国の鮮烈なエキゾチシズム。アンデス山系の近距離の緑の起伏と遠い稜線が取り巻き、真上に澄んだ濃い青空がある。気持ちが楽しく弾む。明るく、音がないアンデス山中の小さな広場。クスコの通りを歩いていたとき、ふと浮かんだ切なさが、ここになかったわけではないが、祝祭でもある集落の市を彩る民族衣装の波動がそれを消した。広場に面した素朴な小さな教会堂の、その小さな鐘楼が目立って美しい。見事な山並みを背に小さな村の華やかな日曜劇が進行する。

いくつかの小路が広場から畑を通って外に向かう。黒のフェルト帽の女性たちが数人一列になって遠ざかる。私はこの特異な一列縦隊の伝統習俗を間近かに見た。ふと、クスコの重い表情の通りで私のなかを過った哀しみが浮上した。アンデス山系の鮮やかな彩りの小集落、そこに一瞬、感情の弾みと悲しみが交錯し、そこに私は佇んだ。

広場の道化たち。クスコ中央のカテドラルとコンパーニャ教会がつづら折りに建つ大きな広場にいくつかの人の輪ができて、なかの大道芸の進行とともに、その輪が揺れていた。世界のどこにも共通する街の祝祭。壁面装飾彫刻の起伏がはっきりしたスペイン・バロックの建物が取り巻く広場は、堅固

クスコ郊外 ピサック

クスコ

シエナ

ミハス

マチュピチュ

ガムラスタン

ポルトガル バターリア

ロンドンからドーバーへ

シエナ

ミラノ

な背景装置をもった劇場空間になる。

イベリヤ半島、ナザレの海に突きだした岬崖上の集落は、小さな教会堂を囲むようにして、低い家並みがあった。海側の外周線は低い石積みなので閉じてはいないが、大陸極西の激しい海洋と天空という強烈な舞台装置が不思議な閉鎖空間を演じている。それを背景に断崖際に据えられた小祠も、そこで視界の広がりを限定する演技で、集落というドラマの完成を分担する。

第二章　広場の記憶

広場へ

広場という言葉がでると〈エスコーリアル〉という名が浮かぶ。マドリッド北郊外、十六世紀スペイン最盛期の修道院名である。

その正面の前庭が広場と呼ばれているか、私は分からない。私の最初の旅行の通過点のひとつであったが、秋の日の遅い午後、修道院の壮大な正面の、その驚くような長さの両端を長辺とした矩形の広場に着いたときの強い印象が今も残る。〈鬼気迫るような〉という形容がそれにふさわしい。私が立った左手に修道院正面、対面に低い付属屋があり、そのような付属屋が右手にもあって矩形広場を囲っていたはずだが、私の記憶のなかでは、壮大な正面と少し暗くなった前庭の広がりで〈エスコーリアル〉が組み立てられている。静かな戦慄を喚起する広場だった。市庁舎などの公共建物を含んで、街の主要な家並みが囲むヨーロッパの広場一般から見れば、この修道院の重い立面がただひとつ支配

アテネ

ウィーン シェーンブルン

リマ

パリ エトワール7月14日

ローマ コルソ通り

ヴェルサイユ

①通りの人影

ブエノスアイレス

リマ

グラナダ

ブエノスアイレス

アムステルダム

ポルトガル エストリール

ウィーン 五月の祭り

マルセイユ

する前庭はそれとは異質である。ヨーロッパ型広場がない日本で、この修道院前庭の重く沈んだ空間を想像するのは難しい。誰もいないこの広場をひとりで突っ切るときは、演技者の意識が必要だ。

シエナ広場は中世イタリア都市国家がつくった美しく完結した視覚世界。中世がそのまま形になったような家並みが広場を取り囲む。わずかな底角だが錐面状の傾斜がついている地面。七月の強い陽光が溢れた広場を歩いた。所どころにたたずみ会話を続ける若い人たちの明るく形のいいシルエットが楽しい。緩やかな錐面の上にそれぞれが測地線を見つけてゆっくりと横切っていく。華やかな伝統衣装の市民パレードや競馬、写真で見たシエナ伝統の祝祭にはこの錐面舞台と背景の家並みがくっきりと現れる。都市劇場という言葉が日本でも使われているが、装置を組み立てている物体が見えない。

路地両側の家並みと狭い路地幅がつくる縦長フレームの、ヨーロッパ伝統の構成はここで見事な風景を切り取って路地に接合する。路地の平面形と同形の空が底抜けに明るいイタリア・ラビリンスを歩いて、広場との接合点に近づくと、縦長フレームのなかに現れる広場の断片は息を呑むような強度をもっていた。しかしそれは民衆がもっていた〈美学〉の視覚化。作為の現代美学が成熟しきったこの季節には、この〈無作為の中世美学〉が元気に蘇る。歴史あるいは民衆の途方もない量の営みの凄さである。

神殿パルテノンの周囲を広場と呼んでいるか私は知らない。神には多分限界された場所はいらない。初めてアテネを私は訪ねた。飛行機が遅れて、日付の変わった深夜に着き、大病直後の疲れも重なってわずかな眠り、家々の照明が陽炎のように点滅する明けやらぬ街の風景をホテルの窓から見ていた。しばらくすると視界がわずかに明るくなった。正面に丘が、アクロポリスだ、その稜線に神殿の朧げな立面が浮上。アテネの市街全景が神殿回りの広場になった。

七月の朝の強い太陽の下、パルテノンの回りは真夏の明るい装いの若者たちが歩き回っていた。ユークリッドがつくったばかりの幾何学は、個々の物体が対象であって、神殿と神殿、ここでは、たとえば、エレクテイオンとの間の空間は、その幾何学には組み込まれなかったと、昔読んだ数学文化史――あるいは数学社会文化史だったか――のなかの言葉を思いだす。空間の広がりそのものを対象としたのはバロック後期になってからだという。地球上に新大陸を発見することと、座標平面上に点の運動概念を導入した解析幾何学は同時代の世界観である。ギリシア古典世界の造形の頂点に立つこの神殿は、その周辺との関係を必要としない、それ自体が完全な個体空間であった。この広がりは近代の広場とは異質である。それはギリシア世界の透明な〈虚空〉。周囲を歩き回る人影は、それぞれ輪郭のはっきりした動きをこの虚空のなかに画きだす。七月の青空と遠い街並みを背景に、素朴な身体振舞いを包容する贅沢な石質の美しい舞台。

カサブランカ

アメリカ ニューポート

フランクフルト

ローマ

アムステルダム

パリ

ローマ

ミハス

パリ

①通りの人影

モロッコ フェズ

アッシジ

グラナダ

クスコ

ピサック 日曜朝市

コートジヴォアール アビジャン

市庁舎のなかの広場マヨールは沈んだ色の列柱で静かに重く囲まれていた。長身黒衣の僧がゆっくりとそのなかを横切っていく。少し離れて談笑する人たちのシルエットに、沈んだ色と素材、強いが静かな立面が快い舞台背景になっていた。ソフトな響きのマヨールがマドリッドの風景の代表として私の記憶のなかにある。矩形の一隅から、落差の少ない階段で通りに下りた。振り向くと柱の間、目の高さに広場の表面があった。林立する柱を背景にした人の動きは、客席から見た劇場舞台の高さになっていた。

白い大理石で舗装された階段がそのまま広場である。ヴィットリオ・エマヌエル二世記念堂の、彫刻装飾の壁面がこの階段を囲むように立ち上がる。文字通りの壮大な列柱が大きな半径の円柱面を描く。ローマ時代ではない、新しい建物だから、明快な楽天的復古調のシンボリズム。イタリア建築のどのような文脈に乗るのか私は知らないが、高く立ち上がる柱の優美な繰り返し、この透明な単調さと軽快さが支配する〈階段だけの広場〉が好きだ。白い広場は列柱で裁断されて、柱の間に配置される。若い女性の爽やかな装いの横断が映写フィルムのようなコマ撮り画像になる。

ルネッサンス・バロックの二重列柱がサン・ピエトロ寺院の正面に円を描く。その円に接続する参道のような平行列柱は街に向かってわずかに開く。鋏の柄の部分の形に似た列柱配置のユニークさ。ちょうど日曜日の昼前、列柱背後の庁舎窓に姿を見せた法王が広場を埋めた人びとに話しかける時刻だった。人びとがその窓を静かに見つめていた。拡声器を通した法王の声が静かに広場を覆って消えていく。法王の言葉が終わって、群集は拡散集合に変わる。強大な列柱のルネッサンス・バロック空間に小さな人影のランダムな大移動が始まった。

ゴシック伽藍の広場を中世的な表情の家並みが囲んでいる。家並みとのスケールの差が伽藍の壮麗さを際立たせ、同時に家並みの表情に優しい魅力を与えていた。しかし一方、このスケール差は広場に特異な空間歪みをつくる。伽藍正面は広場を圧倒する力をもつ。歌舞伎舞台は奥行きが短く、右左に広がる書き割りの風景画が主に演技を支える。ヨーロッパ系の演劇は、オペラという特異な構成も含まれるから、奥行きが驚くほど長い。正面に向いたひとつの建物装置がそのまま背景にもなる。キリスト教会堂と広場との関係に似ている。歌舞伎は広場ではなく、上手下手の明快な線状舞台、通りの空間のなかの演技。

パリ北、ランス大伽藍の西立面が広場を圧倒していた。水平に傾きだした秋の太陽光を受けて、石材の質のためか、金色に輝いていた。壁面の彫刻装飾も隅ずみ鮮やかなディテールを見せていた。正面を向いたカフェ前の路地に立つと、取り巻くそれらの小さな家並みが舞台前景になって、伽藍正面の

リスボン ベレン地区

アテネ アクロポリス

金色をさらに煌々と輝かせる。かつて私が日本の伝統構成の本質のひとつと規定した〈正面性〉と似通った空間支配をここで見た。日本のそれは正面中央に立てた一本の視線軸が支配するが、ここでは巨大な立面それ自体がすべての視線を集中させる。

ケルン大伽藍沿いの通り。壮大な灰色石面には沈鬱さはなく、その下辺で佇み、座り、談笑する人びとの姿を楽しいスケールで浮かび上がらせる。伽藍と人との尺度の相違は神と人との間のハイラルキーの視覚化かもしれないが、この装置は人の動きを引き立てるほうに機能していた。

ラテン・アメリカの空間の快楽。真青な大洋、ユニークな形に突出した島、それより近景は、林立する高層ホテル群が舞台装置の鮮やかな中景となって、近景の人と砂浜、遠景の自然を引き立たせる。並外れた装置が揃ったリオ・デ・ジャネイロ、コパカバーナ海岸の遊歩道。これは一般の広場ではないが、しかし、一般の道路基準にも入らない。空と海、高層架構の連なり、そして、踊る装飾模様の通り、のびやかな南米大陸の紛れもない広場である。夜、この広大な舞台背景は光を吸収してしまうから、カーニバルのサンバ・パレードには向かないのだろう。少し離れた市街中央の、普通の都市計画大通りがカーニバルの舞台になる。ここコパカバーナは強烈な太陽と、遊歩道沿いの砂地を埋めた褐色の裸像群のダイナミックな演技のための専用舞台。山上のコンクリート造の巨大な白いキリスト像がここを見下ろしていた。

エキゾチックな響きの語、カスバ。カサブランカそしてフェズ、城塞のように高い日干煉瓦の囲郭を見た。カスバは城の意味という。その内部空間のラビリンスは、迷路のほかに外部との隔絶という条件がつくる表情が重なる。どのカスバも囲郭の外は〈何もない空地〉、赤黄色の砂地が広がる。市街の中央に位置するカサブランカのカスバは未整備の空地が取り巻いているが、現代オフィスビルが林立する大通りが間近かにある。中世と現代の緩衝空間のようなこの空地に疎らに散った露天市が開いていた。中世囲郭を前景に現代ビルを遠景にした、石やコンクリート破片が散在する地面に商品を並べた野生の市の人だかり。イスラム市場の表情が基調だが、ヨーロッパ・ファッションの若者の動きがそこに不思議な活気を挿入する。ここはかつてフランス領植民地。中世風と今日風のシルエットが交錯するエキゾチックな共時空間が織られる。繁華な街並みの大通りがすぐ先にある。

繁華な往来

マリア・テレジア女帝のシェーンブルン宮の小さなパビリオンがある丘から旧市街を見ると、遠く右寄りにシュテファン教会の尖塔がある。街の配置が大づかみに読める。街を歩くときも尖塔は定点観測の基点である。人通りが際立って多いケルントナーはいちばん繁華なショッピング通りだから、シュテファン教会の正面はその繁華な通りに直截面して立つ。普通の伽藍前の大広場ではなく、ケルントナー通りが広場の一部を兼務する形であり、また数十メートル先では、ケルントナー通りにグラーベン通りが突き当たる華やかな三叉点があるので、それも含んだユニークな広場になっている。正面大扉の前、通りの真中のベンチに腰掛けた旅行者たちのシルエットがいい絵になっていた。急勾配タイル葺屋根、黒ずんだ石の壁を覆った繊細さと深い彫りの装飾空間、オーストリア芸術が構築する都市装置。空と時刻の移りを濃やかに映しだすこの装置は、人びとの行き来の華やかさをさらに強める。夜、繁華街特有の賑やかな光があふれた三叉点を通ると、照明が描きだしたふたつの通りの透視画が、この都市の空間快楽の彫りの深さをあらためて気づかせる。遅くなって静かさが戻り始める頃、三叉点近くの硬質な通りチャネルの真中でヴァイオリン組、ロック組の若者演奏会がいくつも始まる。背後の街並みには建築史遺産が点在する。近世ヨーロッパ都市造形の圧倒的な濃密さのなかに人は立つ。

一九八六年五月だった、都市ウィーンの祝祭、音楽の日。三叉点から見える距離、ケルントナーが旧城壁跡の環状路《リンク》に交叉する右手角は〈オペラ〉である。通りがかったオペラ座ケルントナー側の路上に、少年少女のユニフォーム、それを取り巻く市民たち、明るいブラスバンドの演奏が始まっていた。それが終わると、タキシード着用のオーケストラの演奏になった。配られたプログラムを見ると、指揮者の名に音楽大学教授の肩書きがあった。シュトラウスのワルツが始まると、ひとりの老人紳士が楽しそうに踊りでた。群集の微笑。そこに幼児が飛びだしてきた。人びとの笑顔がさらに波打つ。その輪の向こう側に次の演奏を待つユニフォームの子供たちが並ぶ。

ソルボンヌやボーブールに近いホテルを私は使うから、地下鉄クレメンソー駅で外にでるとシャンゼリゼのいちばん繁華な地点に立つことになる。通りはエトワールに向かって上り勾配になってる。たぶん江戸時代からの言葉、お上りさんにそこから自動的に私は切り替わる。カフェテラスに座ると、またパリに来たというたぶん最も平均的な旅行者気分になる。

シャンゼリゼの中央部は車専用の大通りだから、この繁華街は二列の片側商店街の寄せ集め繁華街。両側の店を交互に覗きながら往来するという一般形から外れた繁華街。しかし、通りの両端に立つ凱旋門とコンコルド広場のエジプト彫刻の細長錐面体が、欠けた一方の店並みに代わって歩く人びとの視線を受けとめている。

「近世城下町の街路幅すなわち街幅は、一般に狭く計画されていた。名古屋城の街割りの際、巡視した徳川家康が、道が広すぎるのは不繁盛のもとだとして狭くさせたという伝承がある。ここでは古代平安京に見られた広い街路への指向は認められず、より機能的な空間としての緊密性が求められている」（小寺武久『民家と街並』小学館一九八三年）。見事な日本的資本主義の計画術。シャンゼリゼはフランス革命の民衆蜂起に懲りたナポレオン三世が迅速な軍隊移動のための改造計画の副産物。商賈繁栄を特に計画したわけではない街並みがやがて世界の繁華街の頂点になる。

ここでニューヨーク五番街をださないのは片手落ちになる。ここも通りの中央部は車の流れだが、反対側歩道の街並みはそれほど隔離されずに平行する。道幅と両側の建物の高さの比率が、ここととシャンゼリゼでは反転することがこの通りの構成の緊張感に違いを与える。それと、フランス第二帝政の家並み統制がつくった表情とは異なる、個々の建物の様式や高さのランダムが優先する通り。そしてまた、今世紀工業技術社会の先頭に立ったこの国の建築様式がこの景観の基調をつくる。この自由競争がつくるランダムさと、トリニティ教会などそれに先行する近距離時間差のプレ・モダン様式との共時系が、現代都市快楽の奥行きを与える。点在するプレ・モダンの建物はこの通りを歩く人の位置観測の恰好な目印になる。

それに出会ったことはないが、道幅と両側建物の高さの比率バランスが、ここで行なわれる祝祭パレードを華やかに緊張させ高揚させるに違いない。高い位置の窓からの紙吹雪という遊びがここほど似合う通り舞台はほかにはない。

ある年のクリスマス間近の夜、ロックフェラー・センター付近に来たとき、車道の上の空間に張りめぐらした仮設のイルミネーション装飾が、冬の空に贅沢な現代都市の祝祭を描きだしていた。

リスボン。折り返しつつ上のレヴェルの通りにつながる路面階段が突き当たりに見える繁華街、夕刻のこの通りは立体的活性が溢れた雑踏。七つの丘の街といわれるリスボンの中心、ペドロ四世公園から、この生き生きとした透視画が広がる。突き当たりの崖際には、大きな落差を上下するエレベーターがあるという。音もなく揺れ、移動する、いつか見た映画のような群衆劇のひとコマ。不思議な懐かしさ。突き当たりまで快い高さに連なっている両側の建物と、正面の路面階段が組み立てているイベリアの街の舞台装置。つづら折れ階段を黙々と昇る群集の動きと陰影が、もちろん、この舞台の本当の主役である。

ここから間近に、高級ブティック、レストランが連なる繁華街バイシャ。近代都市には珍しい短冊格子の街路であるが、その短冊単位は小さい。この異形が街並みの雰囲気に特別の表情を与える。市街中央、南北軸の大通りアヴェニーダ・リベラーデは短冊格子の短い辺側に突き当たる。格子短辺は二〇メートルほどだから、ひとつの通りを歩くときは、両隣に平行する通りを意識する。短辺方向の左手にはアルファマの頂上のサン・ジョルジュ城が見える。南、長辺方向に歩くと五〇〇メートル、コルメシオ広場が突然現われた。この矩形は南北は二〇〇メートルほど、それを突っ切ると、海のような水面が広がっていた。アルファマの家並みの途切れの眼下に銀色に光っていたテイジョ河口。水と岸との小さな落差が、ふと家裏手の水辺の遠い記憶を呼び起こした。

運河沿いの家並みの楽しい装飾空間。私は初めて見たとき、デコレーション・ケーキという言葉が浮かんだ。これは揶揄ではなく、世界の海運の首位に立ったオランダの、その時期の贅沢な遊びとしての様式遺産への興味を表わす。アムステルダムの繁華街、ストロイエ。ここにはオランダ建築のひとつの特徴、煉瓦造の重厚な壁面が多いが、遊び心は変わらないようだ。この通りの活気はそれに加えて、往き来する若者たちの動きと形と色のシルエットの賑やかさがさらに強めている。通りの始点のダム広場の円形基壇に座り込んだ群像も特異なスタイルの都市風景を分担していた。

坂道はその景観に微妙な雰囲気を付加する。人びとに親しまれている坂の名称を冠した街並みは数多い。広大な国土のブラジルに坂の街のイメージを予期していなかったが、サンパウロにおおらかな情感の坂道をよく見つけた。たとえば、モダニズム・デザインの高層建物が並ぶセントロ。道幅が狭くなるところ、坂道が生き生きと走る。それを挟む高層建物列の輪郭と質感が鉱物質結晶体のように機能して、そのなかの人の流れを覆う。そこを離れて背後の普通の通りに入ると、そこにはポルトガル建築伝統につながる濃密な表情の家並みがある。その背後の空中には今度は背景装置になった鉱物質のモダン・キューブが顔をだす。

資本経済の本拠ニューヨーク・ウォール街の人の流れ。さして広くない通りに並ぶ、高層建物の強さは圧倒的だが、行き来する人びとのシルエットもその動きも強いから、資本主義都市の先端にあるこの通りは深い谷の激しい水流のようになる。私にとって街は本来的に雑踏空間である。しかしそれと相反対極の、人影のない沈黙が支配する静寂の通りも、私の都市空間の原風景のなかにある。それぞれが本来の意味と輪郭を崩さず存在し機能していくとき、まだここでは無定義用語だが、深い奥行きと多様さを湛えた素敵な「世界都市」が織られていく。

短いリスボン滞在の最後の日、この旅行をともにした六人に通訳を加え、バターリア、ナザレ、アルコバサに強行軍を試み、リスボンに近づいてシントラ、エストリールを訪ねた。強烈な記憶がこの日刻まれた。

間もなく日が暮れる。エストリール。三叉交点は広場のような風景。緩やかな坂道沿いに家並みが続き、大きな曲線を画いて前景の家並みの陰に消える。人が集まり住む、集落という事物の原型か。この国の固有の風景というより、国の違いを超える集落性といってよい。際立つ表情があるわけではない、それだけに、遠い異国の旅行者に懐かしい風景、原風景のように現象するのだ。ふと立ち寄った旅行者は気づかない、この街あるいはこの国固有の、すなわち習俗伝統の様式がこの風景に描き込まれているはずだ。それは見えないまま、〈無作為の風景の優しさ〉あるいは〈無作為さの原形質〉に私は魅かれる。世界のさまざまな通りで私が魅入られたのは、このような〈さりげない日常性〉だった。美しい原形質はさまざまな姿を借りて、世界日常の街並みに紛れ込んでいる。

海が軌道の向こうに広がるエストリール駅から電車でリスボンに戻り、夜行列車でマドリッドにでる。

スペイン エスコーリアル

ヘルシンキ

ローマ ヴァチカン

シエナ

マドリッド マヨール広場

カサブランカ メジナ周り

クスコ 中央広場

ケルン

ミラノ ガレリア

リオ・デ・ジャネイロ コパカバーナ

フランス ランス

第三章　集落と数学系

モダニズム合理主義

一九四五年第二次大戦敗戦。戦災の復興が建築活動に直接反映するのは一九五〇年代であった。二〇世紀初頭にヨーロッパに生まれたモダニズム建築思想と方法は、戦後世界の富の大半が集まったといわれるアメリカで最高期を迎えた。日本戦後建築の主流がこのアメリカ経由のモダニズムで覆われたのは、戦勝・敗戦の関係を含めて、自然な成りゆきであった。強大な技術力、そして民主主義社会制度に日本国民の憧憬が向けられた。それは同時に、それまでの日本社会の封建制度の打破と新生への期待が含まれていた。戦災住居の緊急な復興の動きが建築家の設計活動を先行させた。それは住宅金融公庫という新しい制度に助けられた小さな住宅設計から始まった。その小さな建築空間は、欧米民主主義社会の基本的な世界観、合理主義、機能主義と集約されるモダニズム建築の思想と方法の、輝かしい希望に溢れた表現舞台になった。合理主義、機能主義は〈進歩的〉建築家たちの金科玉条になった。

建築における古い封建制度の打破は、江戸時代まで続いた住宅様式の打破と同義だった。日本建築伝統の主流は、中国から導入した古代の寝殿造り、中世以降は書院造りと呼ぶ住宅様式が担ってきた。それらは貴族、武士、僧侶の住居様式である。農民住居はそれとは異なった竪穴住居からの発生という。古代と中世の都に集った庶民住居の形式は近世の京、江戸に残る町屋様式に継承されたのであろう。経済力を蓄えた上層町人階級が身近な武士階級の小規模の書院造りを追い、それを一般町人がさらに小さな住居に写し取った。途方もなく膨大なエネルギーが注がれてきた建築遺産が、敗戦後の封建制度打破、新社会建設のかけ声のもと、衰退し、消えた。

〈封建的〉な生活は住宅平面に集中する。モダニズム合理主義・機能主義の計画術が民族固有の特異な伝統様式、まず第一に平面構成を排除した。立面構成は本来、平面構成と結びついている。たとえば農家の田の字型平面と、その外観は直接対応してきた。しかし、西欧モダニズム建築がいわゆるラーメン架構を含む柱梁架構に拠っていた。見えがかりの形としては同じ架構法であったから、立面構成の伝統はそれなりに日本モダニズムのなかで生き続けることができた。

そして工業生産システムが支えている量産製品の低価格が、建築だけに限らないが、使用材料の選択

N.Y. マンハッタン

アクロポリス

ボストン駅前

アビジャン

サンパウロ

③街の正面図

ボストン 駅ホームから

アムステルダム

に大きい幅を与えた。そしてモダニズムの設計システムの自由度が、個性優先の特性を推進した。それが戦後日本の住宅一般の輪郭であり、今日の街並み風景のそれでもある。

階級制度の厳格さと物質生産の単純性が必然する、〈統制の様式〉が崩れて、自由社会の〈無統制な風景〉が発生した。この風景は社会制度と歴史の歩みの両文脈が形づくった必然の成りゆきである。

封建社会の厳格な統制の様式とは正反対の、資本社会の自由な無統制様式を今日の東京が見事に体現した。日本社会の経済成長が軌道に乗った六〇年代は、建築家のいわゆる都市デザインと呼ぶ提案が活発になり、若い世代の関心を集めた。〈進歩的〉建築家たちの〈醜悪な都市〉という常套語批判が東京に向かって投げられた。私はそれと正反対の、単純化すれば、この風景は現代都市の本質が見事に表出した〈混乱の美〉と定義した。

「民家はきのこである」一九六〇年

日本伝統を主題として、空間の論理とその構成法を私は追っていた。最初の住宅「久我山の家」(『新建築』一九五四年十一月)の設計過程で、日本伝統主流の基底にあり、一方モダニズム源流のひとつとしてのミース・ファン・デル・ローエの構成の雰囲気ともつながる、開放性空間を私は意識し表現した。このような文脈においてこの仕事は、私のなかで重要な主題と表現の拠点になった。この直後、住宅史のもうひとつの系列の民家が接続された。古代様式を伝える神社から近世書院造りを繋ぐ日本建築伝統の主流の外側にある、町屋と農家、民家と総称される住居系列である。民家の造形は多くの建築家を引きつけ、その細部手法が日常の設計に取り込まれていた。しかし、民家は貴族住宅の系列のように表現様式が意識された架構ではない。分析の方法を前提にしなければ、それは民家採集と私が呼んだものを超えない。民家は建築と考えるよりは自然発生の、たとえば〈きのこ〉のような事物と考えるべきだ（「住宅論」『新建築』一九六〇年四月）、「民家は建築であるよりは自然現象と考えるべきだ。条件がそろえばどこの地面にも見事なきのこが群生するように、豊かな風土には見事な民家の集落がある」（『住宅建築』前掲）と。これは民家の低い評価ではない。民家伝統を積極的に現代に引き継ぐため、古代貴族、中世武家たちの〈意志的な構築物〉としての建築遺産から、あえて私は切り離した。厳しい社会経済の制約と自然条件とのなかで庶民がつくりだした〈生活の囲い《シェルター》と道具が備えた美〉への積極的な理解である。黒ぐろとした逞しい柱と梁、それに区切られた素材の白漆喰壁――ときには今世紀初めのモンドリアンの抽象画と見紛うパターンが現れる――の採集を超えた方法論の上に民家とその集落を据えるべきだという提起である。

そして、家々の構成素材と形がつくりだす、懐かしく優しい表情、それらの背後にある集落メカニズムに私は注目した。〈事物集合系のランダムネス〉が現れた。

「現代の集落が表現するものは、調和した美ではなく、混乱した美であっていい」一九六四年

現代集落――これは都市と同義である――についての私の最初のコンセプトの表明であった(『住宅建築』前掲)。ときには象徴主義と措定していい簡潔な構成、〈静性の美学〉に強い共感を抱き、この伝統と共振する現代空間を小さな住宅設計を通して組み立てていたから、当時の主流〈日本のモダニズム〉に私は属していなかった。勇ましく楽天的な〈都市デザイン〉は無論この主流建築家たちの仕事である。伝統のなかから抽象空間を構築していく私の視点自体、伝統論一般と対比すれば異端の位置にあったと思うが、さらに民家集落は自然発生の事物であり、貴族武士階級の書院造りのように構成方法が意識された架構ではないと規定したから、さらに離れた地点に立っていたことになる。しかし、民家集落の本質であり、その表情を支える事物として抽出したランダムネスが、現代都市を把握する私の重要な道具として機能することになる。現実の都市風景、たとえば東京渋谷駅周辺の風景に、私はこのランダムネスの活動を見た。そして現代都市は〈混乱の美〉以外を表現しないという強い表明となった。民家集落のなかに見た、優しく懐かしいランダムネスがその強度とスケールを大

きく飛躍させて、〈乱暴なランダムネス〉として振舞う。現代都市風景の楽しい活性力は、主役、このランダムネスによって支えられていると。

相反両立のメカニズム

私の論理と表現に内在する、いわゆる相反両立《アンビバレント》の構造によって、住宅と都市というふたつの座標軸上のそれぞれの時点での主題が、ときには通時的ときには共時的な関係をもちつつ生起した。五〇年代に始まる、住宅をめぐる私の主題のひとつ、〈静の統一構成〉は、その軸上の二〇年後、七〇年代の〈ズレを含んだ非統一構成〉へ、通時的相反の展開をした。六〇年代、都市に向かう集合空間系の軸上にマークした、民家集落の優しく懐かしいランダムネスが、一〇年後、七〇年代には、現代都市の〈乱暴なランダムネス〉へ変換された。住宅の軸上では〈統一構成〉と〈非統一構成〉の通時的相反が生起しているが、両軸上の対応する時点では、それぞれの主題は共時的相反関係にあった。特に、六〇年代半ば、〈空間の永遠性〉〈象徴空間〉を主題とした「白の家」（『新建築』一九六七年七月）と、同時点の「数学的都市」は完全に対極の事物になっていた。そして七〇年代後半以降、両軸上の対応点は、同相の主題としての共時的連動が強められていった。

〈統一〉も〈非統一〉も、集合事物系の表情の説明としてではなく、集合系の構造の規定のためのデザイン方法論の用語として、ここで私は使っている。〈静性の統一構成〉を説明用語として使っても、方法論のそれであっても、それほど大きなギャップは起きないが、〈非統一構成〉は現代都市の空間状態を特性化するための有効な説明用語であっても、方法論のそれではありえない。現代都市は設計できないと私は考えているからである。設計の作業過程に関わらない事物は方法論には属さない。それを承知した上で、都市状況の特性化のために、〈統一〉と対置して〈非統一〉を使うのは、新しい都市コンセプトの視覚化伝達のためである。

モダニズム建築の思想と方法は、日本伝統のそれとは異なった発生と形成の体系だが、対象が個あるいは集合の、いずれにおいても〈統一〉は、ほとんど同じように機能する。しかし、〈非統一〉は、モダニズム建築の思想あるいは方法のなかで使われたことはなく、まして日本伝統ではありえない。これまでの記述で理解されるように、一般形式論理の演習としての統一、非統一の二項対立の演算結果の〈非統一〉の提起ではない。私の論理・表現の主軸である住宅の、その空間性の自律的展開としての〈統一〉から〈非統一〉であり、そして私のもうひとつの軸上の、集合系空間の優しく懐かしいランダムネスから、乱暴なそれへと展開過程のなかに現れた〈非統一〉である。

両軸のそれぞれ、あるいは両軸相互間での、通時的、共時的の相反あるいは連立関係をつくりながら展開してきた主題系の、この世紀末に集約された〈非統一構成〉は、次世紀初めに、都市空間の論理から、建築のそれぞれへ変換され、新しい建築の表現力を獲得するであろうという予測を私は用意している。

「混乱の美」、「数学的都市」を経て「プログレッシヴ・アナーキィ」へと、私の集合空間との対応は接続していくが、そのタイムスパン二〇年である。その前半には〈統一様式〉が静かな表情で舞う民家集落との出会いと対話を私は続けていた。

民家集落研究、六〇年代初めの選択

助教授研究室編成後の学生卒業共同研究の対象として、私たちは京都の町屋、奈良の農家集落を選んだ。「六三年秋、京都中京区の町屋一〇戸、奈良南郊外に点在するコンパクトな集落輪郭をもつ、稗田、帯解など五集落のなかから十五戸を選び、個々の敷地と建物平面を実測し、二、三の主題を設けて分析を行なった」(「民家の庭について」日本建築学会論文報告集号外一九六五年九月)。翌年は、私の建築主題の展開のひとつの過程である「装飾空間」の文様についての図形的な研究であった。これは戦後モダニズム建築高揚期の異端の発言、日光東照宮の新しい評価、「装飾空間のための覚え書き」(『新建築』一九六三年十一月)と連立した。その翌年、民家集落の体系的観察の手がかりを見いだして以後六年余の共同研究が継続された。その始点では集落地理学を中心とする文献を手分けして探していたが、建築意匠の問題意識と集落地理はほとんど重なり合わない。そのとき、ひとつの完結した集落内の民家をひとつ残らず実測し、全体形をひとつの画面に表わすことによって〈集落〉が現れるであろうと私は気づいた。初めに全体集合があった。その後、大学の民家集落研究では当たり前の方法になった全体実測はこのとき始まった。

奈良南郊外に散在する古い形式を残す、環壕集落と呼ばれる坂手北、坂手南、古代条里制敷地割りといわれる帯解田中の三集落を選んだ。空中写真と三千分の一地図を基礎に、実測調査が行なわれた。分析は集落内の道の形と各戸の結びつきを主題とした平面構成であった(建築学会論文報告集号外一九六六年、三編)。その翌年、町屋集落を主題に選んだ。京都には両端を通る道で区切られた、端から端まで連続した町屋は残っていない。そこで、この形がよく残っている高山の上三之町と金沢の観音町を選んだ。それぞれ二一戸、六四戸の連続した集落である。今までの平面実測に立面実測が加えられた。両端で直交する道で限界された町並みの五〇分の一立面図を起こした。それは魅力的な構成である。日本の民家集落の連続する立面図が初めて登場した（建築学会論文報告集一九六七年、七編）。その翌年、農家集落と都市町屋との中間の性格をもつと考えられる、旧街道宿場町の集落構成を対象とした。中仙道木曾の五つの集落、名古屋寄りから馬籠峠、妻籠、三留野、奈良井、そして郷原である。平面計測では、農家と町屋の中間という集合系の性格が予期したように現われた（建築学会大会学術講演梗概集一九六八年、三編）。

「敷地の広さとその上にある建物の広さとの比、いわゆる建蔽率の計算を試みた。奈良の三集落の平均値はいずれも四〇％、高山上三之町は八五％、金沢観音町は八二％であった。この数値が単に平均値というだけでなく、この五つの集落のなかのひとつひとつの民家の建蔽率もその集落の平均値にほとんど近いところで分布していた。民家集落を印象づけている最大のものは統一感、秩序感といえるが、それはこの数値でもひとつの裏づけをもつ。木曾路の街道沿い民家は農家と町屋の中間の様相をもっていた。三留野四九％、奈良井四八％、平均値でもあり、各戸の数値でもある。街道沿いのゆったりとした敷地の農家集落の郷原では、各戸の建蔽率はばらつき、平均値として三一％になっている」（「住宅論」『新建築』一九七二年二月）。

近世封建社会の厳しい制約のもとで、民家集落が統一性とそれが生む秩序感をもつことは、自然の成りゆきといえる。厳しい制度と生活の秩序はほとんど同義。しかし、遠く離れた地方に古い構成を残す民家集落を訪れたとき喚起される情感は、この平均値が意味する建築的内容の直接の働きではない。平均値が示す統一性のなかに含まれ、そしてその統一性とは反対の文脈である、日常事物を覆う静かなランダムネスがむしろその主役である。統一性は社会制度が民衆の生活に及ぼす制約なら、これは生活する彼らの身体が、意識されないまま、求めた非統一性なのだ。「木曾路の夜、私を衝撃的に襲った黒の空間を現象した背後は何か、私は求めた」。しかし、「目も覚めるような事実がそこに見つからなかったとしても、それが民家集落の本質ではなかろうか。そして、これらの向こう側に〈何か〉があると期待するなら、この自然現象に近い大量の集合を分析する確実な方法をこちらがもたねばならない。集落空間を形成している、大量の事物の集積全体を分析する有効な方法が見いだせないままに終わっている。しかし、勝手な期待の投影をすることはなかった」(「住宅論」前掲書)。

民家集落から旧城下町へ

旧城下町の形態研究は、七二年、東北地方から始まって、中国地方、九州地方、そして江戸を経て七七年、京都〈上洛〉で終了した(建築学会大会学術講演梗概集一九七三〜七七年、十六篇)。江戸期の古地

N.Y. ヴィレッジ

新宿 靖国通り

コペンハーゲン ニューハウン

サンパウロ パウリスタ通り

③街の正面図

図と現在の地図を対比資料として、代表的な旧城下町を訪ね、街を形づくっている事物の形態法則を求めた。侍屋敷、町屋などの街区構成の相互関係、それらの街区を具体的に決めている道路網の形との結びつきという定性関係が中心になった。かつての城下町構成の骨格である道の形は、現在の都市に予想以上に保存されていた。私たちの集落構成の観察は、これを手がかりに現代都市の形と対応させることだった。しかし、民家集落と比較にならない、都市を成り立たせている多様な要素の関係網の全貌を見つけるのは困難であった。構成単位数が小さいことによって、たとえば両端で直交するふたつの通りで限界された町屋集落のような場合は、すべての住戸平面を実測しえたが、その方法は城下町では困難である。古地図に見える道の構成に対応している、現在の市街地の道路を比較しながら、そこから抽出できる〈形態に関わる事物〉に限られた。

奈良郊外の古い形式を残した農家集落から始まった実測作業を通して、日本の集落あるいは都市と向かい合い、対話を続けてきたが、ここで終了した。私はこの後、建築空間の論理としての現代都市構成に集中していく。

日本伝統構成と対話しつつ現代の主題を求め、住宅設計を続けていた一九五〇年代半ばから六〇年末までの過程を後に「第1の様式」と私は名づけることになるが、この〈様式〉のなかで最も深く日本伝統の主題にかかわった「白の家」（『新建築』前掲）の発表の前に、私は「空間の思想と構造」（『新建築』一九六七年一月）を書いた。その中心主題は「数学的都市」であった。それまでの「集落」という用語ではなく「都市」を私のコンセプト提起に初めて使った。伝統という情念の事物系にもっとも強く入ったとき、その反対領域の数学という中性の事物系を誘導し、連立させた。

「数学的都市」一九六七年

「未来都市の構造は極めて抽象的体系でなければならない。都市関数の無数の集まり、都市関数空間の構造が未来都市の構造を決定するであろう。数学で使用される構造という用語は、本来建築からの転用だといわれるが、抽象化されてこうしてふたたび建築のなかに戻ってきた。だから、ここでいう都市構造とは、今日の都市デザインのなかに頻繁に現れるメイジャーあるいは、インフラストラクチャーなどとはまったく関係ない。都市の本体は数学的体系そのものであって、造形的存在ではない。都市計画学、社会学、経済学など都市問題に関連のある専門家たちによって、この都市関数系のもつ構造の計算をしなければならない。

いうまでもなく単純な方程式の解を求めるというような古典的なものではない。その構造は刻々と変

N.Y. ウォール街

N.Y. 六番街

サンパウロ

リスボン ロッシオ広場から

③街の正面図

コペンハーゲン

渋谷 1979

渋谷駅前 1979

フランクフルト

パリ シャンゼリゼ

動するような極めて複雑な体系であるから、各時点ごとの断面によってのみ輪郭が大づかみに理解できるようなものになるだろう。考えてみても未来都市を決定する要素は無数にある。国土的座標をまず初めとして、政治、経済、歴史など社会的座標、あるいは急速に成長しつつある情報空間のなかにも座標が設けられるであろう。地表の一点に建つどの建築も、それらを連結するどの道路、交通設備もいずれも関数空間のなかのひとつの関数あるいは関数系として超多元変数をもつ。どの座標系を落としても未来都市の構造を正確につかむことはできない。まして、各座標のなかから好きな点をいくつか勝手に選んで、まるでアミダくじのような未来点をとりだしても、それは超多元空間のたったひとつの断面に過ぎない。しかし、それが断面であることを理解した上で、このような作業をすることは無意味ではない。超多元関数空間の全体系をいっぺんに算出することは不可能であるから、さまざまな座標点において断面をつくりだすことによって漸近的にその全体像に接近することは、有力な方法のひとつに思えるからである。未来都市はこのような高度な抽象体系をもたねばならない」(「空間の思想と構造」前掲書)。

この提起の三年後、最初の作品集(『篠原一男 16の住宅と建築論』前掲)のなかの「新しい機能空間のための準備」の一節で、「都市についての原則的な私の考え方はここにほとんど要約されている。まさに抽象系・観念系の演算のように見えるであろうが、しかし、住宅を設計している私にとって、このような抽象系のみがもっとも現実的な都市構造なのである。都市の構造と個々の住宅との間にはデザイン的な連続性はここでは保証されていない。都市デザインの造形やその用語を使って住宅設計まで包含しようという考えや、その反対に、個々の住宅のデザインでえられた発想や手法で大きな都市までに直線的に拡大しようという考えの、いずれにも私は反対である。生なましい具体性に彩られた個々の住宅と、巨大な都市構造は不連続であるべきだ。この不連続性が住宅の具体性と、都市の機能性を保証するのだと私は考えている」。そして、「未来都市の抽象的構造は、その特性によって、多様な部分空間を含むことになるはずである。技術の都市という性格は重要なものであることはいうまでもないが、同時に、情念の都市でもなければならない。たとえば、かつて遭遇した次のような光景も、未来都市の中に現象しなければならない」と、午後の逆光の、東北の街道家並みに現象した光景を引用し、「しかし、伝統的なもののもつ現代性という意味で、私はこの光景を述べたのではない。人間が生活する場所がもっている生なましい具体性に触れるのは、古い街に限定されるわけではない。初めて通り抜ける東京の下町の夕方の雑踏のなかで、私は突然、人間が集まり住む空間の生命感を感じとって、感情が激しく揺さぶられるときがある。それは空間が明らかに生活の肉体をもっているのだ。そして、欲望さえもっている空間がそこにある。鮮烈で魅力的な心象風景を未来都市のなかで失ってはならない。個の空間、その集合の空間系がもつ、多様な具体性を保証するためにも、都市の全体の構造は最大限の抽象性をもたねばならないのである。数学的体系がそれである。

N.Y. ソーホー

ウィーン シュテファン前

ガーナ アクラ

ウィーン グラーベン通り

渋谷駅前 2000

ブエノスアイレス

ポルトガル ナザレ

③街の正面図

その建築がどれほど巨大であっても、建築を越えて都市の構造にはなりえない。いかに造形力をもつ建築家であったとしても、その造形力で都市の骨格をつくろうという発想はすでに十九世紀以前のものだ。その秩序のある巨大な造形そのものが、都市の本体、すなわちシステムの活動を疎外する側に回るものだ。システムの最大限の有効性を発揮させる体制を想定することは、もはや建築の次元を離れて政治に属する問題になるだろう。現実には、大きな都市の局地的な範囲で操作されるシステムの繰り返しの過程によって決定されていくだろう。だから、現実の日本の都市構造は、行政や大企業に属する建築家や計画家の能力によって、具体的な性格づけが行なわれてしまうと私は考えている。関連なく行なわれる地域的なシステムの総量を制御し操作する機構をまだ私たちは所有していないから、多様なそして無駄な建設活動を繰り返して、目に見えぬ都市構造を刻々と規制し、その構造から逆に規制を受けながら、この都市は混乱と秩序を繰り返していくだろう。だが、その無駄とも思える繰り返しのなかに、人間生活への基本的な理解が可能な限り考慮されているならば、私はこの混乱をむしろ都市の本質として考えたいと思う。誤解された巨大な都市像から一方的に下降してくる制御や操作でつくられる古典的な都市計画のなかに、未来の人間像は浮かぶことはない。多様な欲望を隅ずみまではらんだ流動的な都市の変貌そのものが未来都市の映像のように思われる。私が考える数学的体系は、未来都市における工学の技術と人間の情念を複合させる構造の表現体なのである」(『篠原一男 16の住宅と建築論』前掲)。

現代都市の成長と変容について、三〇年前に予測した見解は修正の必要がなく、その後の現実の状況がこの見解を裏づけた。そして、この都市コンセプト、「数学的都市」はこの時期に形成の端緒を掴んだ科学の新領域「カオス・ロジック」と同時代連動をしていたことを八〇年代後半になって私は知った。私が使った用語、事物集合系の〈複雑性〉は、九〇年代に〈複雑性の科学〉という呼び名が流布されるカオス・ロジックのそれと直截接近したことになる。もちろん、コンセプトの方向性の意味であり、数学のロジックそのものの共有ではない。

「具体都市」横断を始めた

一九七〇年大阪万博が技術主義謳歌の楽天的な未来都市モデルを壮大に実現した。敗戦から四半世紀、日本社会の生産力の急成長を高らかに謳い上げた国家的事業であった。世界から参加した構築物を彩っていたのはモダニズム・デザインであった。日本伝統という古い様式を手がかりに、現代の生活空間の原型の模索を続けていた私は、その楽天的な技術主義都市像に国家経済力の誇らかな表示という見方をこえた関心をもつことはなかった。「数学的都市」が示すように、科学技術の体系と機能への関心は、私の都市像の基底にあっても、技術体系そのものが直線的に建築になることについてではない。ただ、都市と住宅の両軸上の私の〈思想の空間〉は、〈技術の空間〉と向かい合うことによって、その存在あるいは強度が確認できるから、この〈巨大な敵陣営〉の力を無視してはいない。

ふたたび出現することはないであろう〈祭り〉は、明るい未来への束の間の夢を託した風景を組み立てた。日本モダニズムのこの到達点はすでに遠く懐かしい回想のなかに退いた。そして全世界を順調に覆いつくした二〇世紀合理主義モダニズムが急速に力を弱め、表現の主方向を見失う転換点になった。モダニズム批判を掲げ八〇年代に短期間の注目を浴び消えた、ポスト・モダンを自称した流派などがこの後に続く。私はそれらいずれとも離れていた。

七二年秋、初めて海外旅行に出て「具体都市」の横断を始めた、私の「抽象都市」あるいは「非合理都市」構築のために。

第四章　カオス都市へ

初めてのヨーロッパの街、一九七二年

「ひとつの時点、現代の上で、異相の空間が互いに相手を溶解しようとしながらも、けっして溶解も吸収もできないで、それぞれが確かな輪郭をもって凝縮して存在し、しかも、それらは縦横に織り合わされている現代の都市を、ここで共時都市《シンクロニック・シティ》と呼ぶ。凝縮して確かな存在とは、確かなる歴史的存在、文化的存在、いいかえれば通時的《ダイアクロニック》な存在であることを意味している。必然的な時間のなかで、凝縮した個性的な空間群、それを異相の空間と呼んだ。ここでいう歴史的存在を、いわゆる建築遺産のことと考えないでほしい。むしろ、都市のなかの空気のように見えない存在だ。見事な建築はその空気を作ることに参加していても、それ自体は主役ではない。複数の、確かなる個性をもった通時的空間が互いに直交して、現代の時空を張っている、それが共時都市である。

イスラムの個性的な文化を背景にした北アフリカの空間のなかに、ヨーロッパの近代的な文化が進入して、近代都市カサブランカが生まれた。イスラムの空間は偉大であったから、すべて溶解されることはなかった。七世紀の西欧はイスラムが主役、イベリア半島をイスラムの空間が遙かに北上し、その大半を覆った。十四世紀のイベリアの国土回復運動《レコンキスタ》が見事に成功して、一四九二年、当時のイスラム版図の首都グラナダが落ちて、イスラムはイベリア半島から追われた。この街の至るところに織られている空間の魅力は、この通時系の素材の共時作用の魅力に負うている。

完結して美しい都市というのは、単一素材の織物の美しさに似ている。そこをどのように横切っていっても、絶えず同じ美しさに出会うのだ。だから、私はいつも優しい共感を用意してしまう。突然私を巻き込むような、激しく、意外な空間との出会いは起こらない。しかし、アッシジ、サンジミアーノのような美しく完結した街を、私のこの問題のなかに巻き込むのは失礼なことだ。イタリアの美しい中世都市は、その存在自体がイタリアの現代の国土全体に対してもつ意味に、本当の役割があることをいっておかねばならない。それは都市よりもさらに大きな空間、国家の文化レヴェルでの機能だ」

（「非合理都市と空間機械」前掲書）。


「現実の都市を横切りつつ、私は共時都市《シンクロニック・シティ》を読み、私のなかに重ね合わせてきた。もう現実の都市から離れてもよいであろう。歴史的異系の時間軸の上で形成された異相の空間が、現代の時点の上で多次元の直交空間を張るとき、それを共時都市と名づける。この共時都市は現実の都市そのもののことではない。もうひとつの重要な系がなくては生まれない。現実の都市を横切っていく〈私〉という系の存在がそれである。巧みに織り合わされた空間のなかを横断していく〈私〉――これは複数に拡大してよい――が重要な主役である。直交する事物と事物、それらの束を横断する人の介入によって、共時都市が現象する。介入という言葉はいささか暴力の気配がある。閉じた興奮ではなく開かれた興奮には、介入という暴力的手続きが必要だ。すでに記述してきた現象都市の中心部分には、原光景《プライマリー・イメージ》があった。この原光景は、事物への、ここでは都市的な事物への〈私〉の介入によって生まれたものである。介入とは意志的な計画行動であるよりも無意識的な偶発運動である。現象は決して予期され計画されたとき生まれない。北陸の小さな漁村を、いつだったろうか、私は歩いていた。ふと立ち止まった民家の荒れた板壁に挟まれた縦長の隙間の下寄りに、日本海の真っ青な色が張られてあった。〈私の海〉がそこにあったと書いた記憶がある。厳しい風土と向かい合う民家が私の視界の枠《フレーム》になっていた。人の手が作った空間を通して、海と私が短絡した。海と事物とそして私との相互介入である。都市的な事物と私の相互介入を、先に、現象都市の直接の動機と書いた。共時都市をイメージの織物という比喩で説明したように、それが構造化されたイメージ群で作られているとすれば、原光景《プライマリー・イメージ》は、ときには事物と人との目くるめくような一瞬の相互介入である。いままで幾何学用語の〈直交〉をいくたびも使ってきたが、それは激しい相互介入の別名である。

少し横道にそれてしまうが、都市の原光景は住宅をめぐるそれへの分岐をもつ。それは、私が住宅をつくる建築家であるからだと思っている。たとえば、縦長の枠のなかの青い海は、私の「第2の様式」の構成手法としての〈亀裂の空間〉と、どこかで結びついているに違いない。しかし、ここではその分岐を追わない」(「非合理都市と空間機械」前掲書)。

住宅のなかに「空間機械都市」浮上、一九七五年

初めての海外旅行の帰国直後、予定されていた大きな外科手術から幸運に回復し、そして有数の高原避暑地に詩人の週末住宅の設計にかかった。美しい自然斜面の敷地の広がりが目に染みた。この時期私の主題は、幾何図形の〈キューブ〉を輪郭の枠とする「第2の様式」を進めていたが、このとき私はあえて「第1の様式」の横断を試みた。すでに離れた様式への回帰ではない。伝統の優しい勾配に代る、幾何的な数値四五度勾配を選んだ。そして同じ形式の、柱梁構成を使った。しかし、「柱も壁も筋違いもただそれだけの機能を表示する、即物的な事物の集合で空間を組み立てられないか、架構要素に、あるいは空間の輪郭に込められてきたさまざまな意味を、もし可能ならば思い切って消してしまいたいと」(谷川さんの住宅「裸形の空間を横断するとき」『新建築』一九七五年一〇月)。

伝統の微妙な数値による優雅な構成に対比すれば、無機的数値といえる四五度と水平垂直のみで組み立てられた人工空間に、優しい勾配の地表が接合されると、異系事物間の断層《ギャップ》が発生する。そして、その内部を人が横断するとき、前もって予測されない「新しい意味」に出会う。意味がつくりだされる、すなわち〈生産〉というメカニズムを備える。それは〈機械〉と一般に呼ばれるものと同じメカニズムである。私は〈空間機械〉としての住宅をここに措定した。そしてこの文脈上に、「〈空間機械〉の完全なモデルは現代都市である」という都市空間の定義を置いた。

私はこの時点では、都市を「数学的都市」のような抽象の事物から、ヨーロッパ旅行を通して具体の都市へ視点を移していた。住宅という小空間のなかで出会った「機械」コンセプトは、都市空間へ投写された。

「部分をまとめるひとつの統一、断片を全体化するひとつの全体を、われわれは探究することを断念した。なぜならば、有機体としてのロゴスも、論理統一としてのロゴスも、いずれも拒否するのが、部分または断片の、特性であるからである。しかし、それらの断片の全体としての、この多様なものの、この多様性の統一であるところのひとつの統一が、存在しうるし、また存在しなければならない。つまり、原理ではなく、多様なものと、その〈分裂した部分〉の効果であるようなひとつのもの、ひとつの全体が存在しなければならない。このひとつのもの、ひとつの全体は、原理として作用せず、効果として、機械の効果として機能するであろう。それはひとつのコミュニケーションであって、原理として措定されるものではなく、機械と、その分解された部分品、コミュニケーションのないその部分の運動の結果として生まれてくるであろう」（ジル・ドゥルーズ『プルーストとシーニュ』宇波彰訳、法政大学出版局）。

「〈ある書物を機械と見なすということは、意味の問題が後退しているということである。つまり、ある機械について、それがどのような意味をもつかを問うよりも、それがどのように動くのか、何をどのように生産するかが重要になる〉（前掲書、翻訳者・宇波彰のあとがき）。文学は初めから意味系の価値であったから、後退という言葉が使われている。住宅は、それ以前にまず、意味の空間であることを設定して、初めてそこで文学と同じ位相をもつことになり、そして、そこから意味そのものの内容ではなく、意味を生産する機械装置であることへ前進、意味系であること自体はその時点で後退、していく。この引用にある〈ある書物〉を〈ある住宅建築〉と置き換えてもまったく矛盾は起こらない」（「非合理都市と空間機械」前掲書）。

日本モダニズムの設計過程に必ず付随する合理主義、その空間が実現した合理性という透明な論理に対して、私は空間架構が表出する〈意味〉、ときには情念と呼んでいい表情の空間価値に注目し、それを主題としてきた。「住宅は芸術である」(『新建築』一九六二年五月)から始まる私のコンセプト系は、このような意味空間としての住宅の提起であった。このような意味空間としての住宅という文脈が、空間機械としての住宅という比喩が直截に成立する前提になっていた。さらに私は次のように付記した。「ジル・ドゥルーズの〈文学機械〉との対応あるいはその置換がすべて成立するほどの構造をもった空間は、今のところ、都市しかない、都市こそ本当の空間機械なのだ。だが、都市は設計できる対象ではないと私は考えている。もし設計という作業を除外せずに機械を考えていくと、今のところ、それにふさわしい空間対象は住宅建築以外にはありえない」。都市と住宅との相反の交錯、そして次第に明確になっていく現代都市のメカニズムを私は描いている。

「共時空間」「非合理都市」「裸形の空間」あるいは「空間機械」、一般都市論あるいは都市デザインからは奇異としか受けとめられないであろうコンセプト系を手がかりに、住宅と都市という相反位相の事物対《つい》の横断作業を私は続けていた。そしてさらに、この奇異なコンセプト系にまたひとつのコンセプトが加えられた。

「野生の事物」一九七四年

七三年夏、南欧北欧を加えた二回目のヨーロッパ旅行、それに続く東京の私鉄駅前商店街沿いの住宅（「上原通りの住宅」『新建築』一九七七年一月）の構成の輪郭がほぼ確定した七四年秋、西アフリカの街へのひとり旅。そして、「混乱の美」から始まる私の都市コンセプト系の起点になった、東京環状線の渋谷駅に近い私鉄駅前商店街沿いに、初めての〈市街地住宅〉をつくった。コンクリート無梁版による本体に鉄板のヴォールト状小屋をのせた外形をもつ。二階床面から突きだすコンクリート方杖が目立った架構。バルサ材で作られた模型を見ていたとき、〈乱暴な形〉という意味を含む、熱帯樹林の非日常的な〈形〉と重なって、「野性」という言葉が最初にでてきた。狭い敷地と建築基準法規制のなかで、工費を含んで、もっとも有効な空間量の獲得のための具体的計画手法であったが、それと異系の〈抽象的事物〉の表情もこの架構のなかに現れてきた。文化人類学者レヴィ=ストロースの「野生の思考」と出会い、「野生」という彼のコンセプトを触媒として、私は「野生の空間」の輪郭をつくった。文化人類学のコンセプトそのままを異領域の建築に適用したわけではない。私の空間設計の論理の自律的展開が、偶然彼のコンセプトのキーワードと交差した。

「野生の思考を規定するものは、人類がもはやその後絶えて経験したことがないほどの激しい象徴意欲であり、同時に、全面的に具体に向けられた細心の注意力であり、さらにこのふたつの態度はひとつのものだという暗黙の信念である」（レヴィ=ストロース『野生の思考』大橋保夫訳、みすず書房）。南米熱帯樹林の未開民俗のフィールド・ワークから組み立てられたという。日常身の回りの事物に向けた、強烈な象徴化と具体化という極度に相反する働きも、彼らの日常の精神活動のもつひとつの様相であるという、野生のメカニズムに私の〈野性〉の空間が出会った。私も具体性と抽象性の相反共時の構造を信頼し、新しい表現を追っていた。

私の西アフリカの街への旅は、バルサ・モデルのなかの〈熱帯樹林〉のイメージと直截に結びつく事物との出会いはなかった、今世紀初めのヨーロッパの造形前衛が西アフリカの彫刻に触発された運動、たとえば表現主義のような。また、文化人類学の〈野生の思考〉と直截に触れあう機会もなかった。「北アフリカ、モロッコのカサブランカの空港から砂漠のような土地に一直線に引かれた道路を三〇分も走って、街に入ったと思ったとき、両側の舗道に黒いヴェールで顔を覆った女たちの姿が目に入り、車のフロントガラスに、午後の太陽の光を浴びた青いタイルのドームが輝いていた。アフリカの土地をこのとき初めて感じた。サハラの南、アラブのそれでなく、アフリカの街を歩くことをこのときから考え始めていた」(「第3の様式」『新建築』一九七七年一月)。西アフリカ行きは、野性の造形あるいは野生の思考との出会いとの期待が動機ではなく、サハラ南縁の街まちの日常の具体事物への興味からだった。

「植民地建築はどこでも本国の二流品の水準を超えることは極めて希だ。植民地時代には権力を象徴し、あるいは権力的に見えたかもしれない建物も今は、少なくとも表面上のその意味は剥がされ、乾燥され、軽快な建物になってしまった。アフリカの激しい風土条件はその剥落と乾燥の加速に役立ったに違いない。(中略)ヨーロッパのコピーの安物の建物は、ひとたまりもなく、軽やかになる。いつ誰が、このような色を塗る習慣をつくりだしたのであろうか。少し気取った配色のフランス風の街よりも、ガーナの街の楽天的な色彩と形は楽しい。(中略)原色ではないが、それに近いペンキが、柱頭や手摺にクラシックな装飾がある、バルコニーがついたイギリス風の住宅の表面をくまなく覆う。それは建物のもとの意味を吸いとってしまう。ガーナのこれらの街の、乱雑で楽天的な大通りの形容には、裸形の都市という名前がいちばんふさわしく思えた」(「第3の様式」前掲書)。ブラック・アフリカの大通り、赤い土の路地、底抜けに明るい建物、鮮やかな衣装をまとった黒いしなやかな肢体の動きが織りなす風景の「野生」あるいは「裸形」の記憶は今も折に触れ私のなかを突っ切っていく。

建築のコンセプトとして「野生」をアフリカで確認することは私には困難である。言語がここで重要な機能をもつからだ。しかしそれでも街のなかで、ふと、その断片に触れた。七二年秋の大きな病気の前後に、私の住宅設計と都市イメージは激しく起伏した、「共時空間」「裸形の事物」「空間機械都市」そして「野生の事物」へと。この地点と、数年後の「プログレッシヴ・アナーキィ」は地続きである。

「プログレッシヴ・アナーキィ」一九八〇年

私の初めての海外個展（一九七九年一二月〜八〇年二月、フランス建築家協会ＳＡＤＧ、パリ）の講演は、住宅作品のコンセプトと表現方法の展開が主題であった。このとき私は住宅以外の作品をまだもっていなかった。私の〈都市〉についてのコンセプト「プログレッシヴ・アナーキィ」をここで提起した。その視覚化のために、東京渋谷駅周辺の雑踏する街並みをスライド映写した。二〇年後の今と比較すれば、その混乱風景は素朴であったが、それがスクリーンに大きく写し出されたとき、驚きを込めた楽しそうな笑い声が起きた。伝統のヨーロッパ都市、そのなかに派生したモダニズムの都市風景ともまったく異質の、東京の代表的な繁華街のひとつの混乱風景の背後に、都市風景の活性——それはまだ言語化できないが——をつくりだしているメカニックが見えたからであろう。この〈混乱〉は〈プログレッシヴ・アナーキィ〉と呼びうる空間状態に転位していると私は話した。このコンセプトは直截に会場の建築家たちに伝わったと私は感じた。遠い国の奇異なエキゾチシズムの対象としてではなく、近未来の都市新種のひとつになるかもしれないという予感も含まれていたに違いない。それから二〇年後の現在までのさまざまな機会に、このときの反応についての私の期待と判断は現実となりつつあると確認した。

「西アフリカのガーナの首都、アクラを朝出発した飛行機は、その日の夕方、まだ明るい時刻に、スイスのジュネーヴに着いた。ヨーロッパの近代都市を代表する、清潔で美しい建物が並ぶ通りを歩いたとき、私は少し息がつまるように感じた。それまでの二週間、私が歩いた西アフリカのいくつかの国の首都の通りには活き活きとした動きがあった。旧宗主国の建築の様式をおおざっぱに引き写し、その上にアフリカの色を塗った、安物の小規模の建物が並んだ街は、〈近代主義的な〉見方をすれば、美しいとはいえない。しかし、この乱暴な風景には魅力があった。強い太陽があり、鮮やかな色の衣装のしなやかな黒い肢体が往き来すると、通りの表情は美しく活性化する。
東京は一般の見方によれば〈美しい街〉ではない。ヨーロッパの〈美しい街〉のなかにある重厚な伝統と、ここ東京の巨大な広がりの現代都市の姿とはまったく異質である。〈近代主義的な〉都市論を基準とした場合でも、西アフリカの小さな国の首都のメインストリートのほうがはるかに整っている。通りを構成する建物がこれほど多種多様で、その表面を装飾する色や形がこれほど無秩序な街はない。一言で形容すれば、混乱が適切である。しかし、私はこの混乱を、無条件に非難しない。混乱には、原則的に、破滅への予感を含んでいる。しかし、私たちの目の前にある〈巨大な村落〉都市の、いくつかの場所には、いつも〈活性〉が通りいっぱいに満たしている。今、東京は世界のなかで、最もエキサイティングな街のひとつになった。

東京は、ほとんどが二階建てを超えることがない、散在した木造の独立住宅と、密集した木造の長屋住宅による、巨大な平面上の無計画都市であった。一〇〇年前に、政治・社会のヨーロッパ化という大変化があった後、この大村落の主要な通り沿いの木造一、二階建て住宅が、少しずつ、ヨーロッパの様式を輸入、あるいは模写した近代建築によって置換されてきた。第二次大戦でその多くを消失したが、すぐに戦前以上に復興した。高度工業社会への奇跡的な成長がその主動力であったが、工業生産品がこの都市のなかに無計画的に溢れていった。混乱という、無計画主義の結果について、これほど寛容な国は珍しい。

世界の主要な国の固有の文化や言葉を、それぞれが育ってきた文化の文脈から、勝手に切り離して日本人は街並みを装飾する。その単語が魅力的に響くならば、その意味内容と無関係に、店や商品の名前に使う。日本特有の書体と配列法があり、漢字を交えた文字はこれによって、多彩な図形になる。ヨーロッパの言葉と、カタカナのその日本語読みもこれに参加する。さらに、どのような色の使用も無規制であり、夜になると、高度工業社会の生産品のひとつ、点滅し動き回る光の広告がここに参加する。これを混乱として否定するのは容易である。しかし、ここまで到達した〈文化〉には正当な位

マドリッド プラド美術館前

ウィーン市内

パリ 旧オペラ座

ボローニア

ナザレ

シエナ

ローマ スペイン階段

④街角のリズム

置を与えられないか」（「建築へ」『新建築』一九八一年九月）。

「都市を考えることは、私にとって、東京から出発することを意味する。ヨーロッパ型都市を追うのは幻想に過ぎない。だからといって、二〇年前（六〇年代初め）に流行したメガマニアックな技術主義都市はさらに空想である。好きか嫌いかのレヴェルの問題ではなく、この混乱の風景以外に、確かなる出発点を私は見つけることはできない。このアナーキィな巨大都市の風景を分担している、小さな木造住宅の内側に目を向けると、中世以来の茶や生け花や能など、厳しい〈秩序の文化〉は、断片的ではあるが、生活の習慣のなかにわずかだがまだ残っている。しかし、この習慣の有効範囲は、身の回りの小空間までであって、地域、まして都市へは何の作用も持たない。しかし、この〈秩序の文化〉は都市という空間を飛び越えた、政治的・社会的空間のなかで、ふたたび働きだす。それは天皇制を象徴している、企業や組織のあらゆる空間のなかでの、垂直方向に組み立てられた〈秩序の制度〉になる。

住宅という小空間のなかに個人の自由、都市のレヴェルで様式の規制をつくりだしてきたヨーロッパ型の文化体系とは日本のそれは反転した形になっている。

ひとつの建物の設計において、アナーキィを主題として表現する方法は成立しうるだろう。アナーキィをこのようなミニチュアで解決したと考えるのは誤解だ。初めから混乱のひとつの要素として吸収されることを望んだ建物には、アナーキィを相手にする資格はない。偉大なアナーキィはおもねたようなミニチュアを好まない。東京のいくつかの繁華街の活性は、どの建物も、どの看板も、自分がもっともスマートで美しいという確信と、そして目立ちたいという意欲にあふれて立ち並んでいるところから発生している。

アナーキィを方法化するのは、論理的に、成立しない。単純化や抽象化はアナーキィの対立物である。計画論的ではなく、確率論的（注）にアナーキィの活性が期待できるだけである。その時代の、物質と感性の両面の、もっとも進んだ建築技術を動員して設計され、そして、他のどれよりも端正で美しいという確信に満ちた建物が、通りを無計画に埋めたとき、アナーキィの活性が生まれる可能性は大きい。無計画的に通りに立ち並ぶことに不満があるなら、ひとつの地域に、それぞれの建物には最大限のフレキシビリティを許容しうる、統一のための秩序を強制してもよい。これ以外の条件は前と同じである。もし、さらに不満なら、卓抜した才能によって、宗教のレヴェルまで凝縮した、ひとつの造形システムによる規格の建物が整然と並ぶ〈輝く都市〉を、地域を限定して、計画してもよい。だが、都市は、自分が生きるために、その卓抜した能力を最大限に働かせ、〈輝く都市〉の周辺を、強烈なアナーキィ風景で埋めつくすであろう。この不条理な異空間相互の断層《ギャップ》はアナーキィの活性のた

ミラノ

ストックホルム ガムラスタン

フェズ 王宮前

ガーナ アクラ

ローマ市内

サンパウロ

ウィーン シュテファン

アクラ

フェズのメジナ

スペイン アルハンブラ

めの養分として消費される。プログレッシヴ・アナーキィはその活性を確保するために、その構造を絶えず変化させていく。都市の自由と同義語である活性を絶え間なくつくりだす都市は、人間が無作為につくった、最大限の機械として定義できるだろう」（「建築へ」前掲書）。（注＝カオス・ロジックはまだわれわれ一般には届いていなかった。これはもっとも近接した数学領域）

数年後、八〇年代半ば、ウィーン工科大学の教授たちのパーティのなかに私はいた。楽団が演奏していた。私を日本から呼んだ教授、東京から帰ったばかりの初対面の教授と会話が東京になった。ふたりがある見解で合意した、東京は都市、ウィーンは村だと。私はたぶん今でもそうだと思うが、日本の建築家は東京は巨大な村落、ウィーンやパリが都市だと信じて疑わないと答えた。愉快な意見交換は笑い声で終わった。窓の外、カールス教会、カールスプラッツ地下鉄駅舎（設計＝オットー・ワグナー）を間近にバロックの街並みが遠く近くに広がる。優雅な大ホールのなかに、ワルツとワイン。これだけ揃えばそれ以上の議論に進むはずはなかった。

十数年後、九〇年代の終わり。一九九七年秋、オーストリア、クレムスの中世初頭の教会堂を会場にした私の個展（『建築技術』一九九八年三月）に合わせ、三日連夜のシンポジウムが行なわれ、その最終日の〈メトロポリス〉。何人かのウィーンの建築家が、今東京に最も興味があると発言した。都市空間の自由を、建築の可能性を強く感じるという。帰国直後、フランスの最も活動的な建築家と対談した。「日本が作り上げたものは二一世紀の都市のモデルになるといえるのです」、そして「夜、世界で一番美しい都市は東京です」という彼の発言をここに加えよう（ジャン・ヌーヴェルとの対談「モダンネクスト始動」『建築技術』一九九八年一月）。

通時・共時の相反生起をするコンセプト系

六〇年代初め、誰も気に留めなかったであろう「混乱の美」は四〇年間のタイムスパンをすでに生きた。このコンセプトが提起された私の最初の本『住宅建築』（前掲）の最終章は〈混沌の論理〉で終わる。「芸術の母体は人間のなかに漂う混沌なのだ。混沌は人間を脅かし、不安を与えよう。そこで人間がこの不安を芸術によって解体するのだ。混沌のなかに蓄積されたエネルギーが突破口を求めて奔流となるとき芸術が生まれる」と結んでいる。ここでは漢字〈混沌〉にルビ〈カオス〉が振られている。「混乱の美」は、いうまでもなく、カオスと同義語である。生き生きとした都市生活を支えるメカニックとしての混乱であって、否定観察としての混乱ではないことは、ここまでのどの文脈の問題でもそれを確認できるだろう。「プログレッシヴ・アナーキィ」の主体、〈アナーキィ〉は、〈カオ

クスコ

オスロ

フェズ メジナ前

ウィーン

コートジヴォアール アビジャン

フランクフルト

リスボン ガイシャ地区

オーストリア ワイゼンホーフ

カサブランカ メジナ前

ストックホルム

ス〉そのものである。七〇年代半ばに数学の専門家のなかで、〈新しい科学〉として形成され活動が始まるカオス・ロジックに対して、確率論のような近接領域の科学者たちからの冷たい批判もあったという。まして専門外の私たちに、ポピュラーな解説書を通して、情報が届くのは八〇年代の後半だった。私は同時代的共振としての〈カオス現象〉を幸いに掴むことができた。

透明な新思想としての合理主義・機能主義が戦後日本モダニズムの主領域の住宅設計を覆い、その高揚期にあった六〇年代初め、非合理主義的な位相にある〈住宅は芸術である〉と私は発言した。この〈芸術〉、数年後の都市〈混乱の美〉に続いて〈数学的都市〉を提起したが、これは数学的な事物を対象としているから一般には近代合理主義に関わる。しかし、明快な合理性を対象にしたのではなく、カオス・ロジックも私の都市論も現象の複雑性に向けられている。モダニズムの古典的な統一性、たとえばル・コルビュジエの〈パリ計画〉の透明な構成を目指してはいない。九〇年代になってカオス現象の別名として一般に流布する〈複雑系〉コンセプトと同方向であった。〈数学的都市〉は、壮大なインフラストラクチャーを夢見た六〇年代流行の〈都市デザイン〉とは関係がなく、スーパーコンピュータでようやくその構造と運動の断片が描きだされるような〈複雑系〉である。七〇年代半ばのカオス・ロジックの始点を支えたのは、当時目覚ましい成長をしたスーパーコンピュータ技術であったという。〈芸術〉〈混乱〉の私のコンセプト系の主流は〈非合理主義〉の表情が強いが、〈数学的都市〉〈プログレッシヴ・アナーキィ〉は、合理主義の代表領域の数学と直截交叉し共振した。

ひとつの原理《プリンシプル》を対象とする空間のすべてに適用して、曖昧な部分を残さない明快な構成をつくること、それがモダニズムの本質であり、合理主義、機能主義と呼ばれてきた設計計画法のそれでもある。整然とした構成が世界の〈本質〉であり、乱雑な事物のあり方を〈非本質〉として排除してきた。

「十八世紀、ラプラスは、ニュートンの志を継ぎ、決定論と予測可能性との関係について、考えられうる最良の記述を残した。ある瞬間に自然を動かしているすべての力と、自然を構成している諸存在の位置とを把握して知性があるとすると、不確かなものは何もなく、未来も過去と同じようなものとしてその目に映しだされるであろう。しかしラプラスは間違っていた。決定論的であることと予測可能であることとは、同じというわけではなかったのである。(中略)カオス的システムは、純粋に決定論的なルールによって完全にランダムであるように見える挙動を生みだす。これに対し、本当にランダムであるような過程にはこのような決定論は存在していない。前者は科学者がカオス的と呼ぶものであり、後者は一般の人がカオスという言葉から思い浮かべるものである」(J・L・キャスティ『複雑性とパラドックス』佐々木光俊訳、白揚社)。

十七世紀以降の近代主義科学の基底には、明確な二者択一のロジックが支配し、整然とした体系をど

ローマ ナボナ広場

ブエノスアイレス

ボローニア サンステアン通り

浅草 国際通り

東京 亀戸

リマ市内

N.Y. ソーホー

東京 人形町

浅草 国際通り

フランクフルト

フェズ メジナ周辺

クスコ

スペイン階段

の分野でも目指した。でたらめに見える現象は世界の非本質部分として排除され、壮大な近代科学体系が構築された。一九七〇年代に生まれた新しい科学思想としてのカオス・ロジックがそれまでの認識法との間に断層をつくったようだ。「この新しい科学（カオス）の最も熱心な支持者たちは、二〇世紀の科学が、一に相対論、二に量子力学、そして三にカオスというこの三つの発見によって人類の記憶に残るだろうとまでいっている」（J・グリック『カオス』大貫昌子訳、新潮文庫）。断層は見事に修復され、新しい位相の科学に変換された。

カオスをめぐる新しい科学情勢を解説する立場に私はない。八〇年代以降多くのポピュラーな解説書があるから、必要があれば確かめることを薦める。

都市空間の本質としての私のコンセプト系、「混乱の美」、「数学的都市」、そして「プログレッシヴ・アナーキィ」の連立線上に、今、「超大数集合都市」が誘導された。

第五章　祭りのとき

東京論の始発

夜だった。車は坂道を上っていく。ゴトン、ゴトンとタイヤの弾む音が道路が工事中を知らせる。そこは渋谷道玄坂。商店の明るい店先が窓の外にあったはずだが記憶はない。東京へ移って一年間住んだ地名が下落合だったように覚えているが確かではない。一、二度行った記憶がある哲学堂という不思議なところはそれほど遠くなかったようだ。〈山の手省線〉から遠くない土地だが、緩やかな起伏の野原が広がっていた。そこに鈴蘭のように花弁が並んだ、しかしそれよりずっと茎が高い、桃色の野生の草花を今も思いだす。七〇年前の一九三〇年頃。小学校に入る直前、世田谷に移った。渋谷と二子玉川を結ぶ〈玉電〉は、砂利の輸送のためにできたという、五〇年代まで素朴な路面電車であった。この大通りから北へ商店がまばらに並ぶ道に入って三〇メートル、そこで交叉する路地沿いに住んだ。私の〈東京〉は電車通りと小さな商店が軒を並べたT字形の家並みから始まる。冬、雪が降り

バルセロナ

上野広小路

高円寺

ウィーン アム・ホーフ広場

浅草

高円寺

麻布十番

バルセロナ カタルーニャ広場

積もった朝の光輝いた白の景色。電車通りは道幅が驚くほど広くなっていた。向こう側の八百屋と床屋の店先がいつもと違ってずっと遠くにあった。一面の純白素材が子供の視距離を広げた。

秋、北東一キロの鎮守の祭り、境内いっぱいの屋台、子供の気持ちを浮き立たせる非日常の祝祭の舞台。畑や疎らな家並みの間を抜けて〈八幡さま〉へ行った、イル・ド・フランスの麦畑の遙かにシャルトル大寺の尖塔が見えたときの巡礼者のように。近隣の御輿や太鼓があったはずだが記憶がない。そして私の祭りの頂点。いつも〈兵隊ごっこ〉の戦場になっている空地の非日常変容。電車通りから北へ三〇メートルの路地の角。その日学校から帰ると、道側二辺を足場丸太に白晒しを巻いた手摺が走り、鳶職たちの姿が忙しく動いていた。前夜祭、宵宮の仮設劇場が立ち上がりつつあった。華やいだ気持ちに包まれたとき、私の祝祭もすべて組み上がった。舞台の演技は断片すら記憶にないが、わが日常空間、戦場を一夜の劇場に変えた、高さ三尺の晒し巻丸太の囲いに弾んだ興奮は今も記憶のなかにある。私の「東京発東京論」の始発である。日常空間のなかに突然現れた非日常空間。一日後、ときには数時間後に消失する祭り舞台、燃焼するような短い時間。

東京に来る前、どこの家並みの近くにも、小さな子供のスケールと対応する懐かしい自然があった。雨上がりの庭にたくさんの子蟹が動き回っていた。祭りの夜、アセチレン燈、薄い経木の上の金色を帯びた寒天菓子の小さな透明キューブ、さらに小さなブリキの包丁。遠い時空を超えて私の祭りの始点が浮かび上がる。

七〇年代の初め、徳島の阿波踊りを見に行ったことがある。見物桟敷が並ぶ中央大通りのパレードはすでにショー・ビジネスになっていた。その会場への通り道の小さな路地角にきたとき、三々五々、踊り衣装の若い男女が集まってきて、ひとりふたりと踊りの練習を始め、それを取り巻いて華やぐ人垣。そこから彼らは中央会場に向かっていった。祭りの夜、日常の近隣空間が非日常のユニフォームが踊る濃密な小舞台になっていた。中央パレードが済むと、路地辻は三々五々戻ってきた若者たちの踊りでふたたび占められる。私の記憶のなかの阿波踊りは路地角にある。

真夏八月、東京中央線の駅前商店街企画の、その地名を冠した阿波踊り。鳥追い姿の艶やかな若い女たちに、ユーモラスな振りの男たちが入った連が揺れ動く。主会場の大通りのパレードのあと、それに接続している商店街の狭い通りに流れる。道幅と二階建て軒高の寸法との比率が、踊り手の肉体スケールと合っている。祭り着の材質と色、襟足や足首が強調された着付け、日本の踊りの重要な細部表出がこの視距離で十分に機能する。日本人の座高比、抑揚が少ない歌詞、単調なリズムに微妙な間を入れた振りの繰り返しが、踊り手自身と取り巻く観衆の気分を高揚させていく。

私が今住んでいる近くの私鉄駅前広場の盆踊りは、若い人たちに人気のファッション街のためか、多くの観衆が集まる。高々三〇メートルの対辺距離の四辺形広場だが、ひとつの隅に向かってわずかに勾配がついて、踊り手と観衆との視線の勾配が変化する。線分状の踊りが本性だから、二重三重の輪になっても、踊りの平面は拡散しがち。平面状の踊りには多音性《ポリフォニー》が、単音性《モノフォニー》は狭い通りの踊りにふさわしい。代表的な音頭、炭坑節の歌詞原形も、男女の〈私とあなた〉の線分上での問答で終始している。しかし、全開した音響拡大装置を通した、単音のリズムと歌詞の日本情感は、しばし駅前広場を揺り動かす。

日本都市は近世封建制度城下町の、階層別の地割とそれを輪郭とする道を骨格にして発達した。民衆が集まるための広場はこのなかには存在しない。中世ヨーロッパの村落の教会堂は、そこに住む人びとが全部入れる広さをもつという。さらにほとんどの教会堂正面に広場がある。近世絶対君主制社会になると、市庁舎あるいは王宮前に広大な広場がつくられた。市民が集まるという事物に広場という建築空間が対応してきた。

日本伝統芸能には線形の道が対応する。平安貴族の絵巻物は時間と空間を線形の変数にして描いたが、これも日本芸能の際立った様式のひとつになっている。ヨーロッパ近世がつくった、三次元空間の二次元空間への投影としての透視画法は、絵巻物とは異質の、目の前の視野の広がりを一挙に掴み取る技術であった。どこの国も線形行列の祝祭儀式があると思うが、日本のそれは路地空間で艶やかに全開する。

神社の夏祭り。神輿が通る。道幅の狭い商店街の低い軒並みと釣り合い、神輿と担ぎ手の重量感が相対化される。裸形に近い肉体の動きと金色金具と黒漆が隙間なく埋めた装置が、日本の祭りの土俗性を道いっぱいに放射して揺れる。民衆が通り抜けてきたこの国の時空間の記憶を、現代都市のなかに刹那的な縫い込みをする。

祭りの踊りの振りと衣装、それは単調な繰り返しである。しかし、人間の肉体の生理機能がもつ偶発性《ランダムネス》が活躍し、乱れが綴られる。基本の規則的な振りのなかに不規則な振舞が発生する、たとえば踊り手の即興動作がその単純繰り返しを乱し、そこに祭り特有の活性を挿入する。工業機械のメカニックではない人間肉体の生理メカニックがつくりだす、規則と不規則の交差が、ヴィヴィッドな祭り気分を高揚させる。乱れを避けない民衆文化の生成メカニズムのひとつの型である。現代都市の空間視覚の快楽もこのメカニックと同じ位相にある。古い祭りに固有の踊り衣装が美しい。時代とともに変わってきたのだろう。その型に紛れ込んだ乱れも組み入れて、踊り衣装の古い型が生きている間は踊りの本質機能も衰弱しない。

ユニフォーム、爽やか

周辺に外国代表施設が多く集まっている、東京麻布の整った商店街の真夏の祭り。屋台や露天店、高々二平方メートルの仮設店舗が、さして広くない通りの両側を占有すると、残りは往来する人の肩が触れあう雑踏になる。これは民衆の祭り装置の基本形。突然ブラスバンドが響いた。チアー・ガールを先頭に濃紺ジャケットの男性の小さな隊形。カオスの人並みのなかをユニフォーム線形が鮮やかな〈航跡〉を残して突っ切っていく。カオスとユニフォームの相互貫入、その貫入面に人びとの笑顔の連なり、ひとときの都市の祭りの爽やかな幔幕が張られる。

半世紀前までの日本にはミリタリィ・ユニフォームが溢れていた。海軍兵学校生徒の、タキシードに似た輪郭のジャケットと腰に吊られた金色金具の短剣のスタイルは、あのユニフォーム全盛期でも群を抜いて魅力的だった。それに魅せられてミリタリズムとは関係なく進路を決めた若者も多くいたはずである。青年期の心情琴線を震わせたユニフォーム。

ナチズムの儀式の構築。大広場を見渡すかぎり埋めつくしたユニフォーム集団。建築家シュペアーがデザインしたという、天頂に向けたサーチライト光の柱列が虚構した〈ギリシア〉神殿はどれほど人びとを昂揚させたか。戦争に負けたとき、この造形は完全に消滅したか、あるいは政治祝祭という特記事項を消去すれば、純粋造形として残るものか。もし後者が成立するなら、現代人の感性のどの地点で共鳴しあうのか。ここにもし、何かの脈絡が見いだされれば、いつか政治空間にまた出現するかもしれない。このあまりにも普遍で、しかもあまりにも特異なユニフォームの周辺事情を記憶しておく必要があるだろう。しかし、ここでは現代都市のなかでの雑踏とユニフォームとの組み合わせに限定する。

今世紀初めに描かれたル・コルビュジエのパリ計画は、世界の建築家を魅惑した。成熟し累積した様式建築が埋めた世紀末の街パリに向かって、批評としての勇ましい前衛活動であった。結果は、当然だが、長い時間と途方もない量の歴史エネルギーを蓄積した旧市街は変わらなかった。彼の直接の目的は遮断されたが、建築コンセプトの鮮やかな提起として、その価値は記録されていくだろう。そしてもしそれを、ひとつの小地域の住居集合計画として限定すれば、パリのなかであっても実現の可能性はあるかもしれない。しかしそれはランダムな風景の代替再開発という本来の目的のためではなく、現実の迷路的な街並みとの間の緊迫した相互作用をつくる装置としてである。都市全体のユニフォーム単純展開が成立する条件はどこにもない。巨大都市の備えた自律的な生存メカニックが古典的ユニフォームによる単一化を受け入れない。ユニフォームは祭りの日の衣装である。

たとえば東京。どのような手続きが使われても、単純ユニフォームは成り立たない。この複雑系都市がこれからも今までのように稼動していけば、たとえば古い下町のどこかの通りは〈世界文化遺産〉に登録されるだろう。

たとえば、あのニューヨーク六番街、秋の午後の陽のなかを歩いていた。通りの反対側にスカイスクレーパーの列が見えた。ほとんど同形、同一のデザインの五、六棟のキューブ列。第二次大戦直後五〇年代の高揚期モダニズムの見事な成果か。底抜けに明快な同形のユニフォーム、キューブのパレードに私は興味をもつ。高装備戦闘小隊が行く。

たとえば、パリ七月十四日。三〇年近く前のこの日、私はシャンゼリゼにいた。凱旋門に掲げられた大きな三色旗の下で、形のいいユニフォームの兵士たちが儀式を進めていた。爆音が響いて、コンコルド広場方向から三色の煙幕を吹き流した戦闘機の小編隊がエトワール真上を飛び去っていった。少し前に起きたフランス革命、人民騒動を恐れたナポレオン三世が、もしまた起きたとき、事件現場への迅速な軍隊出動のために計画したという一直線大通り。この通りの本来の歴史が三筋の煙幕の下、象徴的に瞬間造形化された。それは祝祭が本来もっている華やかさの頂点。皇帝のプログラムにはなかったシャンゼリゼ舗道の生き生きとした雑踏との対《つい》が生んだ、世界のどの都市も模倣できない祭りの時空間。

アム・ホーフ広場、トレッシュビル市、ニームの牛追い

ウィーンの広場のひとつ、アム・ホーフの五月音楽祭り。若い人たちの楽しげな動きが広場と通りに溢れている。トラックに乗ったオペレッタの舞台、ロック・ミュージックのいくつもの仮設舞台、それらが広大な雑踏に鮮やかな色彩の起伏をつくる。架設装置を取り巻き、あるいは地面に車座になって談笑する若者の群れ。とりどりの色と形がたえまなく動いて、祭りの広場が浮き立つ。粋な男装のひとりの女性、きれいな動線を際立てて雑踏のなかを突っ切っていく。バロック都市、ウィーンが演じる祝祭のオペレッタ。

日常品を並べて売る野天の市場も、ここまでくれば祭りといっていい。コートジヴォアール〈象牙海岸国〉の首都アビジャンの下町トレッシュビル。二層のロ字形平面を支えるコルビュジエ風ピロッティで〈開放的に〉囲まれた中庭は、強い色彩と賑やかな声。整然と商品売り場が区画され、起伏のない空間のはずだが、たくましい女性たちの姿が野菜や果物の強い色彩と交錯して熱帯アフリカの市は

賑やかに進行する。ここブラック・アフリカは紛れもない多音性《ポリフォニー》の国々。単音性《モノフォニー》の国・日本では、広場があってもパワフルなランダム活性は出現しない。写真を撮られることを嫌うイスラム系の人たちにレンズを不用意に向けるのは難しい。西アフリカの音と色彩と素材のカオス空間のなかを、楽しく神経が波打つのを感じながら私は横断を試みた。通り抜け振り返ると、モダニズムのコンクリート架構が瞬間消えて、〈表現主義点描派〉の絵になった西アフリカの市。

南フランス、ニームの〈牛追い〉は〇次元空間の点の祭り。劇主役たちが現れたのは夜九時過ぎではなかったろうか。大きな木立ちの大通り、路地、アパートメント前の空き地、そこかしこのバー屋台、開始を待つ人びとが三々五々談笑し回遊していた。舞台の中心の大通りに人が集まりだし、劇の開始が間近か。暗いので距離は分からないが、右手の離れた地点の歓声が聞こえた。牛が駆けだしたのだという。一〇秒後くらいか、目の前を赤いネッカチーフを巻いた軽装の若者たちが左手に駆け抜けていく。その末尾にすぐ続いて大きな牛の群れ。正確には〈牛の人追い〉である。ひとりふたり、見物側の柵のなかに赤いネッカチーフが身を踊らせて逃げ込んだ。黒い大きな動物が恐ろしい勢いと地響きをたて走り去った。最初に届いた歓声から、劇終演まで一分も経たなかった。私はいつもカメラ・フラッシュを使わないが、それがあったとしても、この疾風劇は私の技術の範囲外。それゆえ、この祭りの映像記録はない。人と牛のそれぞれの隊列が続いたから、幾何学的には間違いなく一次元線形の祝祭だが、目の前の祭り空間は〇次元の点に凝縮していた。

外国旅行で偶然に出会った祭りのそれぞれにあるだろう、固有の物語とディテールを私は読むことはできない。しかし、それでも長い時間と民衆の労力が費やされた織物の厚みの魅力が私を直撃した。祭りには、人間の生命と生活の始原の躍動と呼びうるものがある。それは紛れもなく、感情の楽しさや悲しさが生起して囲い込む、鮮烈な、ときには茫漠の〈記憶の束空間〉。

第六章　非統一と無調

無記憶の快楽

「モダニズムの都市論が夢見た風景から、これほど遠く離れたものはない。色、形、材料が勝手気ままに、建物所有者の、あるいは依頼されたデザイナーの自己主張のために使用される。騒音もここに参加する。この路上で、しかし、ふと感じる解放感を私は肯定し、これを私のメトロポリス論のひとつの起点に据えた。極度な混沌《カオス》は、このなかに生活する人びとになにも強制しない。そしてわがメトロポリスの風景のひとつの特徴を、密集した建物の表層に付着した、雑多な広告看板がつくりだしていることだ。もし、仮にここから広告看板の類を排除した〈清潔な〉街を想像すると、今でもこの国のどこかの小都市の中心街路として残っているかもしれない、形の強弱があまりない木造二階建ての家並みと、とりとめのないコンクリートの少しばかり大きな箱との混在風景が現れるはずである。たとえ、清潔であったとしても、これはメトロポリスの資格をもたない。この夏偶然、戦後四〇年を記念した第二次大戦の始まりから直後にかけての東京・銀座通りの写真展を見た。消失前の建物の様子に私は引きつけられた。戦時という条件は大きいが、清潔だが表情の起伏が少ない通りに〈メトロポリス〉の表情はまだでていない。周りから目立つことだけに熱中した、四〇年後の薄い皮膜の二次元空間の無秩序《アナーキィ》がわがメトロポリスの快楽の主役である。解放感はこの快楽が誘導する。仮設の皮膜は新陳代謝される。そのとき、この国の先進技術は、日常生活を取り巻くあらゆる対象に次つぎと過剰なまでに届けられる。このメトロポリスはその最先端を走る。プログレッシヴという形容詞を使う理由の一部はここにある。そして日本の造形の伝統である、奥行きの意識、すなわち量《ヴォリューム》を欠落した不思議な魅力の超薄型皮膜のマトリックス演算に転換される。その演算子の先進性と機能性は互いに脈絡なく集合したものだから、演算子間の無数の断層《ギャップ》、離散《ディスクリートネス》が、その表面すぐ背後の、いささか貧相な建物架構とは切り離された、過去の記憶との照合を免除された新種の表層空間群に変換する」(「快楽の生産性」『住宅特集』一九八五年秋)。

「孤独は雑踏のなかにある」と書いた哲学者(三木清)の言葉を私は思いだす。まだ数学を専攻していた半世紀以上も前の記憶である。そのとき私が見ていた雑踏は、今日のそれよりはるかに素朴な風景だったが、しかし、彼の言葉が乗る文脈を理解した。今、東京の夕刻、どこかの気心の知れた店でくつろぐというような日本的スタイルが必要なく、いつも外国の街を歩くような視線と速度で私は横断する。そして〈自由な孤独〉という都市快楽の主断面と次つぎに出会う。日本建築の長い〈遠過去〉の伝統、そして明治から第二次大戦までの〈近過去〉の都市風景、それらと照合可能な脈絡がない今日の街、その代表に渋谷駅前を私は選んだ（「建築へ」前掲書）。しかし、ここは小学生の時以来の身近かな日常生活圏のなかにあるから、私にとってそれは厳密な「無記憶」ではない。「混乱の美」と呼んで、私の都市論の起点になった六〇年頃は、今と比較すればまだ素朴な通りだったが、すでに〈遠近の伝統〉との脈絡を失っていた。失ったものの代わりにカオスの活性を身につけたと認めたとき、私はそれを「美」というコンセプトと対応させた。しかし、八〇年代の風景が日常の街だった若い世代にとっては、多分、記憶の空間として刻み込まれているはず。無記憶とは私の個人史のなかの事象。しかし、カオスの美を組み込んだ巨大都市は、さまざまな世代の記憶のタイム・ラグをそのまま吸収しながら、記憶と無記憶の亀裂を含んで生き続ける。

記憶の哀愁

夕方の繊細な光がまだ上空に漂う時間、家並みに照明がつく。下町商店の通りは活気があふれる時間帯に入る。少し急ぎ足になった買い物の主婦たちが往き交う。街並みの〈美しい時間〉の開幕。哀愁の記憶がふと突き抜けていくときもある。哀愁は、東京の遠い時空への一瞬の帰還。さまざまな時代のさまざまな家並みの、すでに不確かになりつつある記憶が浮上するとき。それは、日常の悲しさ懐かしさとは異系の、遠い空間の記憶をめぐる透明な哀愁。その瞬間、そこは論理を超えた非合理主義の情感が跳梁する場になる。

江戸の名残りを思わせる古い地名が下町に残っている。しかし、半世紀前の戦災はこの地域に集中していたから、半世紀後、古い地名に直截結びつく家並みはほとんど残っていない。京都祇園白川沿いのように保存された家並みを私は探しているわけではない。地域の特性がほとんどないような無個性の風景だが、それでも私の日常の生活圏外の下町で懐かしい時空の記憶とふと遭遇する。

世界のすべての街の通りに、醜悪といわれるような風景はない。貧しいスラム街でも人が住む空間には〈美〉が漂う。それが人間と住まいの根源的な結びつきなのだ。戦後輸入したモダニズムの末端の造形を振り回して、途方もない大数の、同じ日本人の営為が組み上げた街、東京を、それが仕事を取るための営業台詞と同じであることも気づかずに繰り返される〈東京醜悪論〉の貧しさ。まず、ひとつの民族文化の総体を否定できる造形力をもった業績証明書が必要。それがなければ、単純な営業として建物設計あるいは地区開発をすればいい、それは資本主義社会の自由。

家並みの楽しさ

七〇年前、今見ればオモチャのような路面電車がゴトゴト走っていた玉電通り（現在の246号線）に断続的に並んでいた商店列も、今、東京街並みの主体となっている風景と変わらなかった。ただその仕組みが素朴だった。家から二、三〇メートルの電車通りの角のガラス店は、亜鉛鍍鉄板ペンキ塗りのキューブ面が二階壁面を囲っていた。その後ろに瓦屋根がすっくと構えていた。勾配瓦屋根は木造建物の一般形だから、たぶん大正から昭和にかけて、これはモダンなスタイルだったはず。切妻勾配屋根とペンキ塗りトタン板壁の散在する街並み、それは江戸期までの民家伝統様式に接続する、紛れもないその最新区間なのだ。

下町。黒い板壁に切妻瓦屋根の店。懐かしい風景がまだ東京から消えてはいない。だが、東京アナーキィ断片のモルタル塗りコンクリート・キューブが、同じ画面のなかのその隣に、その背後に接合されている。記憶と無記憶のランダムな断続、東京。

木材以外の建築資材に乏しく、江戸幕府の社会制度の厳しさ、庶民の住居は有形無形の規制のもとにあった。中国から中世日本に渡来した禅宗仏教の禁欲的戒律とその住居形式は書院造りという特異な様式を発達させた。僧侶武士階級の住居として、日本の建築伝統の中核を形成した。下級武士の住居形式を裕福な庶民が追い、簡潔な伝統様式を組み上げてきた。そして訪れた文明開化の日本社会の主流は西欧文明の様式を追いかけた。通りの上に張りめぐらした電柱架設も、産業資本と政治の合理主義が選んだ乱暴な直訳のひとつ。

第二次大戦後、建築基準法が地域ごとの用途を区画し、方位も取り入れた周辺道路と隣地との関係などの組み合わせで、建てられる外形の最大寸法を決めた。その内側に入っていれば、建築材料、色彩、ほとんど自由勝手に使用できる。それがこの東京街並みをつくった。もし、その敷地で許された最大輪郭をすべて使い、それより小さい建物は許可しないと決めたら、ヨーロッパ型の街並みの形に少し近づいたであろう。民衆は自由にこの規制と対応した。しかし、世界に誇るわが官僚制度が隅ずみまで浸透しているから、本当のランダムは発生しない。

新科学カオス・ロジックは本物のランダム事象を取り扱わない。カオスは決定論の科学であって、個々の結果は非決定論であるという。東京がそれに似た成りゆきを造形化した。

京都や街道旧宿場に残る町屋は例外だが、通りの境界線上に家の外壁を配置していない。左右隣地との関係も、木造という材料の性格に加えて、民法の規制もあるので隙間を置く。それに、狭い敷地でも道路側には常緑植栽をするが、これは建築規制ではなく、ヨーロッパの石や煉瓦の組積と違う薄い木造壁という条件が生んだ、人通りと私空間との間の緩衝地帯である。そのため通り方向の透視図は樹木が占めて、家型の連続形は現れない。電柱列がそれよりさらに中央寄りだから、日本の〈進歩的〉建築家から向けられる都市醜悪論をまず最初に引き受けることになる。

通りを歩く人が左右直角に向けた視線に対して、日本の家並みは姿を現わす。古典的な日本絵画の手法、絵巻物のように視点を移動させればよい。世界の視覚表現のなかでも特異なこの様式が、日本の建築あるいは家並みを特性化する。電柱と植栽がない京都や街道宿場の家並みでは、この視構造は完璧に機能する。日本伝統の空間構造を追跡していた私の「第1の様式」の時期、私はこの視覚機能を〈正面性〉と名づけ提起した（『住宅建築』前掲書、他）。たとえば近世書院構成。内外壁面のいずれでも、その正面中央点に立つ人の、垂直視線に対して、その空間の本質が集中する。任意の斜め方向のいかなる視線に対しても、その造形本質が保存される西欧伝統空間との重要な対比のひとつがここで発生する。たとえばギリシア、パルテノン神殿に日本のような正面性は必要ではない。すべての角度からの視線に対し、この建築は美しく同格に対応する。日本の古代・中世彫刻は鮮やかな正面性で特性化される。中世末以降の書院床の間は、建築における正面性を代表する。床の間をめぐる儀式作法は正面性が無意識の前提になっている。なお、この正面性をめぐる二次元、三次元視覚構成の差異は、その文化系の体質の差異であって、価値の優劣ではない。

正面性を街並みに延長しても、この対比は崩れない。電柱、植栽のほかに、日本の伝統的構成の深い軒の出が、通り軸線上の視線には煩瑣な形と陰をつくる。整った古い様式をまだ残している町屋でも同じ条件。ヨーロッパの街の、遠近感のめりはりがきいた横顔の映像は現れない。しかし、正面に回れば、日本の家並みの濃やかな意匠の特性が全面放射する。京都、金沢、あるいは高山、美しい町屋は、その繊細な格子造りを含め、ここで本来の美を表出する。

〈統一性《coherence》〉と〈非統一性《incoherence》〉

日常用語の規制と無規制という対を使ってもいい。いずれも前項が、計画あるいはデザインの代名詞になっていて、後項はそれら近代史から排除されてきた。私の都市論提起の主方向のひとつは非統一性の復権である。二〇世紀後半の世界都市を席巻したモダニズム建築思想についての私の批評のひとつがここを橋頭堡としている。誤解がないように加えれば、モダンデザインの統一コンセプトそのものの全否定ではなく、非統一の事物を排除しなければ成立しなかった、その論理組み立ての余裕のなさへの批判である。近代合理主義の代表的秀作と向き合って屹立しうる、非合理主義の強靱な造形空間の復権期待であると説明してもいい。なお、ここでの非合理性は日常慣用語の不合理とは無関係。非合理主義は人間の根源に渦巻く情感の、創造という戦線へ出撃するための有力な武器としてである。日本建築伝統の深層に流れるのは、もしモダニズムの思想を合理主義と規定するなら、始原的対比としての非合理主義である。「無駄な空間を」(一九六一年)「非合理の座標」(一九六二年)という六〇年代初めの一連のコンセプトもすべてこの戦線配置であった。

五〇年代に集中する欧米モダニズム建築の秀作は、単純透明な合理主義の結果ではなかった。象徴主義ともいえるまで昇華された合理主義・機能主義である。その建築家固有の深奥情感の起伏する象徴主義、それは非合理主義の最も激しい表現の一様態。私が措定した「3つの原空間」(『新建築』一九六四年四月)、機能空間、装飾空間、象徴空間のなかの中核である。カオス・ロジックとも共振する現代都市は、象徴主義まで昇華された空間の排除などとは反対に、それを重要な都市要素として包含しうる機能を内蔵している。しかし、都市構造そのものは、象徴主義とは関わらない。単一構造への凝縮を本質とする象徴主義という理念とその表現方法は、古代帝王制の都城計画以外には機能しない。

二一世紀初頭は、世界事物の本質としての統一性と非統一性の複雑系構造を横断しうる戦術が浮上するだろう。たとえば長大な記憶の歴史と二〇世紀現代技術が重合交錯した空間の横断戦術である。前項は非合理主義の空間領域、後項は極限近くまで到達した合理主義のそれ。プログレッシヴ・アナーキィはそのひとつの、そして有力な戦術見取り図としてであった。

〈好むと好まざるを問わず、現代都市はアナーキィ風景の発生、あるいはそれとの出会いを避けることはできない〉と私は発言している。壮大な江戸期の記憶との繋がりが途切れつつある東京は、たとえば渋谷駅周辺のように、アナーキィ・メカニズムの勝手な跳梁が許容される。ただ、建築基準法という行政規制の即物的事項が、その背後で機能していることがプログレッシヴという形容詞の内容のひとつになっていると指摘している。もちろん日本の高水準技術がこの風景前面を彩る活性の主動力である。そしてさらに、今にも消えそうな日本伝統の本質、静的構成あるいは秩序が漂う街並みへの人びとの記憶が、この行政規制と産業技術力に寄り添って、破壊を必然する貧しい混乱から東京を救っている。

夕方、大学の正門から外構塀沿いの道にでたとき、〈狭いから車に気をつけて〉とフランクフルトからきた評論家に声をかけた。〈狭いから安全、ドイツの道は広いから車が恐い〉と彼女は巧みな日本語で答えた。狭いから危険で、広いから安全というのは計画論的な安全の図式。私の生活圏は世田谷区だが、スピードがだせないタクシー・ドライバーに不評である。〈中世風の路地〉は車文明には人気がない。徳川氏以前の中世領主・大田氏がつくった道の形は、今も東京に残影がある。自然発生の道の曲がり、上り下り、こういう道を歩く楽しさを現代はあまり気づかないようだ。その地点の土地所有条件に道の形を素直に対応させた、それは〈けものみち〉の末流である。それに加えて、道沿いの家並みの形と素材の無規則が重なる。

こういう無規則性の家並みのなかを、たぶん昭和期になって計画されたバス通りの一直線路が突っ切る。緩やかな起伏をもつ一キロを超える地図上一直線路は、もし、電柱列と各戸のランダムな植樹のシルエットを消せば、自然発生集落のなかの単純幾何形が強烈に浮上する、素敵な透視図になるはずだが、そこまでは用意されていない。

遅い午後、北欧からの建築家数人と私は駅に向かうため、建築学教室のすぐ傍の西門から外構沿いの路線バスが通る道にでた。少し歩き始めたとき、〈素敵だ〉というような声があがった。五、六メートルの道幅の反対側に戦前までよく残っていた、縦桟で押さえた幅広の羽目板壁の住宅数戸がある。それに囲まれた手押しポンプ井戸の植え込み周りのことだった。日常の往復通路になっている建築家には声をあげる対象にはならないが、遠い北欧からの来訪者には新鮮な出会いになった。この逆方向の日本からの旅行者を捉える、遠いヨーロッパでの小さなドラマも同じ文脈に乗る。

世界に散在している都市や集落の集計結果としての「世界都市」という名称ではなく、ひとつの地球と同じような、原初的存在として生成起伏する唯ひとつの「世界都市」を私は考える。地球面上に離散している小さな街の小さな辻つじの風景は、「世界都市」というドラマを組み立てる俳優たちである。重厚壮大な古典的建築群が今まではその主役を総て担っていたが、名もないような端役たちの演技集積が本当の主役なのだ。日常の通りの日常の場所の、たとえば道沿いの井戸端周りのような、表情を綴っていっても「世界の集落」が織り上がる。私の世界都市横断のシナリオには、普通一般の偉大な主役はほとんどでてこない。

日本の家並みのありふれた一断片がもつ、このような機能に私は強い関心を向けてきたが、それが建築と都市の論理として機能させるためには確実な手続きが必要である。個別の場所の、個別の具体性をこえたレヴェルに、それを組み上げる手続きのひとつとして、私は〈混乱の美〉を提起した。この論理の枠組みを通して、〈ランダム系空間〉非統一性コンセプト系と、〈モダニズム系空間〉統一性コンセプト系がさまざまな場所で拮抗する複雑性を注目してきた。モダン・ロジックの代表、二項対立あるいは二者択一の単純化ではなく、今日の都市を覆う建築集合に〈カオス系のロジック〉を対応させてきた。

中世的空間も、迷路的空間も、あるいは、けものみちさえも、これからの世界都市空間の舞台には、鮮やかな具体輪郭を備えて登場するだろう。中世回顧というロマネスク情緒とも、単純二項対立のモダン論理とも無縁な感性が新舞台を自由に跳躍するだろう。

無調の空間へ

美しい調性《ハーモニー》——たとえばロマン主義——から離脱して無調性音に賭けた、今世紀初めの前衛音楽家たちがいた。ヨーロッパの古い都市の美しさをバロック音楽のそれと対比すれば、東京は〈無調の都市〉と呼ぶ新しい風景を組み立てているという比喩をとりあえず使うことにする。前衛芸術の激しい表現意志としての無調性音楽と、結果としての〈無調性の街〉を同格にしてはいない。カオス都市が向かっていく前方の〈混乱の美〉という私の措定のひとつの意味を視覚化するための、これもひとつの〈乱暴な〉戦術である。二一世紀、〈無調の都市〉はさらに活性化する。

「世界都市」を織り上げるために

荒涼とした砂漠、厳しい土地だが〈醜悪な〉土地とはいわない。どのようにそれが貧しく外から見えても、醜悪な集落あるいは都市のいずれも地球上にはひとつも存在しない。文明あるいは文化、特に経済という目盛りを使ったとき、それらにはある種の序列が発生しているかもしれない。日本のように世界経済の先端国であるが、しかし、そこに生きることの豊かさの目盛りは別。西アフリカで最も経済の貧しい国のひとつといわれている、その街の通りで人びとの優しい眼差しと笑顔に出会う。わずかな横断時間ですべてを判断するつもりはないが、建築家という職能直観が一瞬激しく作動して掴み取った、「世界都市」の最小単位空間での人と集落集落を結ぶ脈絡の美しさである。

「世界都市」、美しいと思う。統一をするという計画法を信仰のように固守するモダニストは、果てのない時空で美しい生成と消滅を繰り返すこの「世界都市」には対応できない。

格子都市、迷路都市、その共時システム

小アジア、中国の古代国家に整然とした格子街区の都市が現れ、中国の都城の形は日本古代の平城京、平安京に導入される。それ以前の街は自然発生の集落であったことを意味する。絶対権力を握った帝

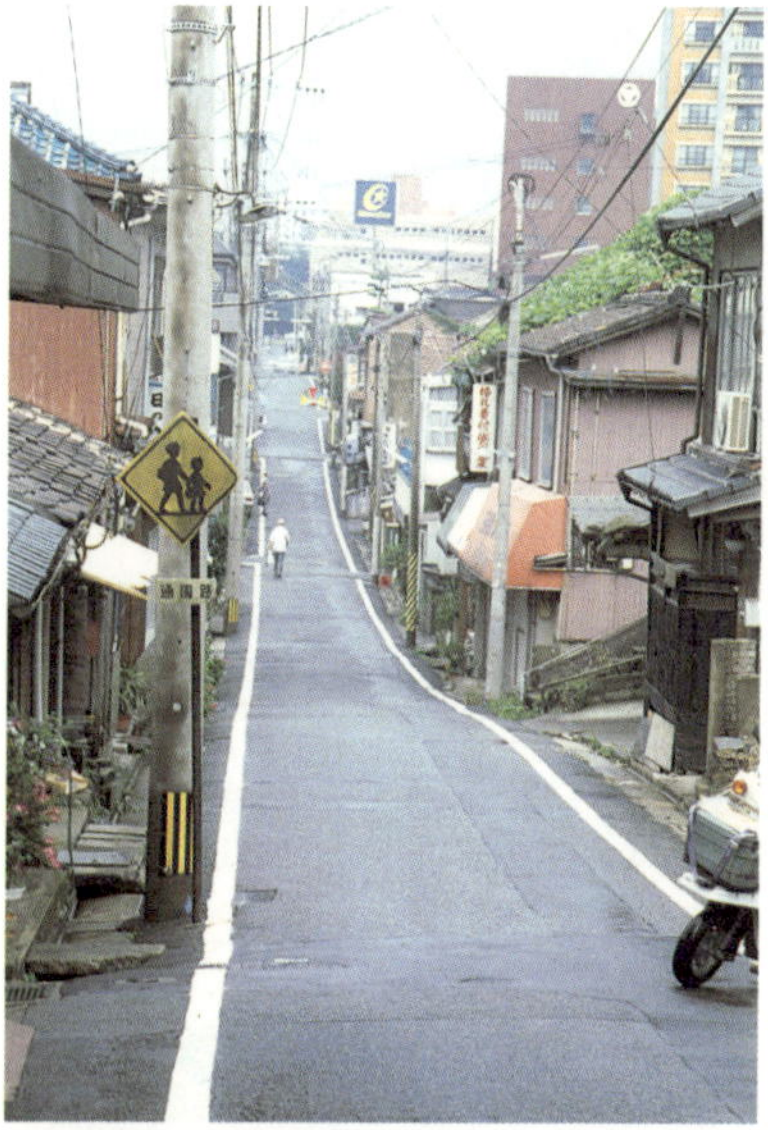
北九州 八幡

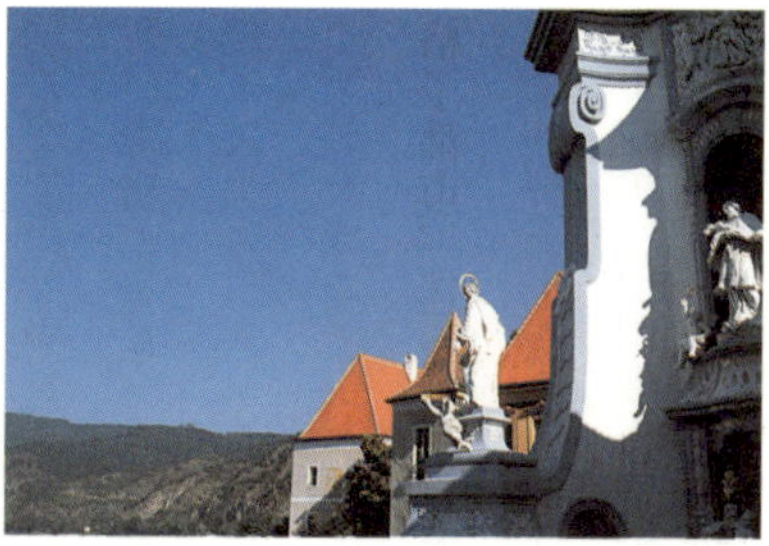
オーストリア バッハウ

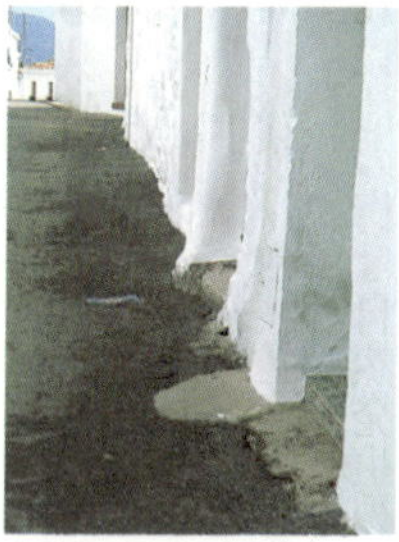
ミハス

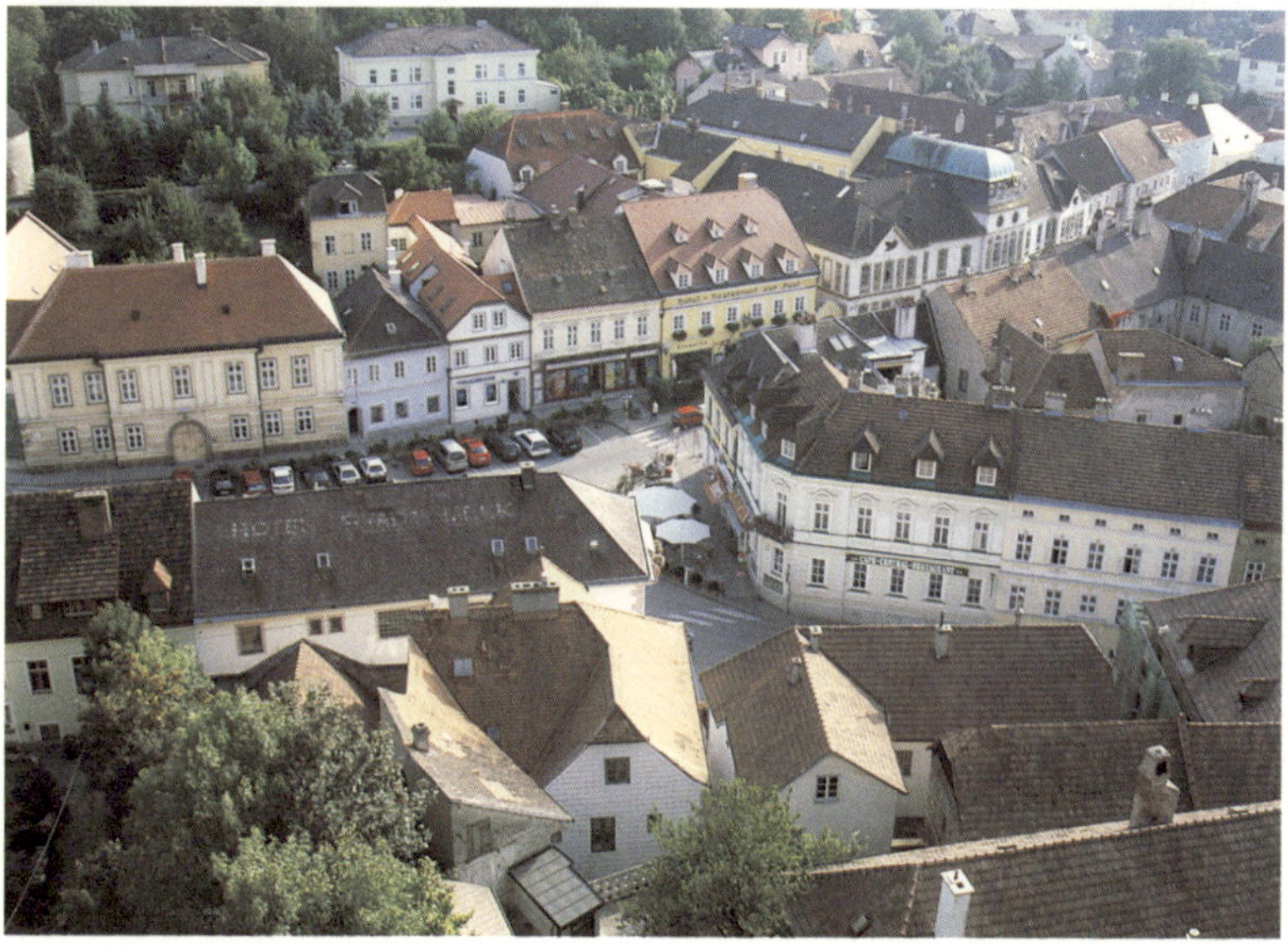
オーストリア メルク

⑥集落，美しく

王が都市をつくろうと考えたとき、格子対称形が最も効果的な平面として現れる。この形態は政治・宗教空間を〈計画する〉という意識された行為の出発点である。格子は最も静的な形であって、近代の解析幾何学の演算座標系とは関係がない。解析幾何はその座標上に描かれた図形、たとえば曲線の〈運動〉を捉える科学であって、それはヨーロッパが海を超えて新世界の領土を獲得していく時代の科学であり、バロック時代以降の動的概念の背景座標である。その動的座標系の上の近代科学は二〇世紀後半宇宙空間まで版図を広げる。古代の格子は神秘主義空間、たとえば易学の座標系である。ルネッサンス近世が透視画法を発見して、中世的自然発生を飛び越えて、離散した事物を統一し、世界風景を一視点に集中する技術を完成していた。それから数世紀後、モダニズム建築計画法は、古典的直交座標系を選ぶが、それはバロック空間の延長上で、しかも進んだ科学技術の演算のための均質空間座標としてであった。そして、対象が個別の建物であれ、ひとつの都市であれ、飛躍的発達をした工業生産システムの要請も加わって、空間事物を〈統一する〉という思想と方法が最大限に成長した。いわゆるインターナショナル様式の〈統一〉のための基礎座標である。しかしそれから一世紀近く、モダニズムの思想と方法は展開を終えた。現在を含むその最終期には、技巧的な形の操作、その複数組み合わせなどによって、輻輳化した社会の様相と人びとの感覚との対応を試みる設計法も現れた。しかし、一見複雑でも、簡単な逆演算で元の要素に分解できるから、カオス・ロジックの別名にもなっている複雑系ではない。人目を驚かす都城をつくろうとした古代帝王も、モダンなデザイナーも同じ明快な統一システム。今その統一思想と方法にズレが発生しつつある。統一指向は計画をするという行為が内蔵している本質基盤でもあるから、それを通り抜けて新しい視野を獲得するのは容易ではない。

古代、近世そして現代に断続的に生起した統一性図形あるいはシステムの〈古典的な〉都市像は、しかし、未来都市のなかの部分集合系を形づくるという役割りまですべて消えたわけではない。ただ、ひとつの全体に、ひとつの明快なシステム――本当の複雑性ではない形づくりもここに入る――という美学が消えるということなのだ。もうひとつの文法、非統一生成がそのとき注目される。その場所その場所で快い生き方を選んだ自然発生の集合系――長い中世にさまざまの国に生起した美しい集落構造である――に正当な照射が向けられてよい。その場その場で快い生き方を選ぶというのは混乱の美と私が名づけた、たとえば東京風景の生成過程と同系である。

幾何学的統一構成を拒否して自然発生的非統一構成への、郷愁の回帰などは私の論理のどこにも存在しないことを明記しておく。都市をめぐる根源的な〈相反な関係《アンビバレント》〉を注目し、世界空間の豊かな奥行きを与えるための非統一への注目である。先進文明から遠く離れた僻地にひっそりと残った、後進世界の特異な街並みや生活風習への社会論・心情論としての眼差しとは別のレヴェルにある。ニューヨ

ワガズク

カサブランカ市外

メルク

フェズ周辺

ポルトガル アルコバサ

クスコ

アクロポリス プラカ

サンパウロ

クスコ

ブエノスアイレス ボッカ地区

ーク六番街の盛期モダニズムのユニフォーム幾何形のパレードと、南米アンデス山脈の小さな集落の家並みは、ここでは問題演習としてレヴェルの差異はない。

古都クスコ、たとえば、その小さな辻つじの風景が私の感情の高鳴りを呼ぶときもあった。私の遠い国への旅、さまざまな特異条件が入ったひとときの感情の揺れも否定しない。しかし、わが日常空間、東京においても、特別な意味や価値の体系とは何の関係もないような日常の街の、何の特別な舞台装置の用意もない路地に偶然入ったとき、生きている街並みといってよい佇まいに一瞬、私は立ちつくしたときもある。劇的な物語からは遠い、さまざまの国の何でもない通りの事物との出会いに、いつも心を弾ませて私は歩いてきた。私の「世界都市」は、日常のありふれた通りや広場の横断から組み立てられる。そのとき古典的建築遺産と出会えば、私の横断リズムも楽しく乱される。しかし、その出会いの連結は私の「世界都市」横断の基調ではない。

第七章　「超大数集合都市」の出現

モダニズム街区も組み込んで

新しい工業社会時代の性格と構造に対応した今世紀の現代建築は大きな成果を上げたが、しかし、その特性を表現した都市をつくることはその範囲外にあった。現代の主流として、ここでも繰り返し関わってきたモダニズムの、本質的コンセプトとその表現方法の〈統一〉は機能しなかった。それぞれの国固有の歴史文化の蓄積である、都市固有の形態と機能が維持されてきた。「超大数集合都市」はこのような背景のなかに現れ、東京がその最先端に立った。

それはモダニズムのコンセプトと表現でまとめられた、たとえば行政機構の集中地域、住宅団地と呼ばれる居住地域などを、その部分集合として収容可能であり、混乱の美と呼んだ複雑系の構造と表情を表わしながら稼動していく。混乱を建築・都市集合系の非本質として排除し、無矛盾な統一系を夢見てきたモダニズムは、特定の小地域以外では、その役割を終えた。混乱を非本質の事物として除外

N.Y. ソーホー

クスコ

ストックホルム

サンパウロ

パリ

東京 人形町

東京 世田谷

浅草寺周辺

オーストリア シュタイヤー

クスコ

し、整然とした体系を目指してきた近代科学体系のなかにも、混乱も世界事物の本質として捉え直すカオス・ロジックが急速に展開しつつある。「超大数集合系」の思想と方法はそれと同時代的な連帯をする。

アジア古代都市、ヨーロッパ近世都市の世界観は、完結した都城輪郭と単純幾何形の街区割りで具体化された。都市空間が古代帝王、絶対君主たちの宗教や政治思想の壮大な造形化となった。二〇世紀モダニストが提起した都市デザインは、宗教や政治思想とは切り離されていたが、古代と近世を結ぶ、明快な図形という特徴が延長されていた。その論理の特徴を、たとえば二者択一、無矛盾整合性が代表する。その社会組織網を代表する官庁・大企業社屋、教育・文化施設などが明快な地域計画の中心に据えられ、そして住居地域が同じように明快な区画配置によって想定される。近代の特性である〈計画する〉という思想——これはモダニストの夢だった——の直截の造形化である。

高度な工業技術社会とモダニズムは密着して歩んできた。取り扱う対象を単位機能の組織に分解し、その単位組織相互の関係を解析し、新しい全体組織を編成する。この分析と再総合の過程では、曖昧なもの、乱れを生むものは非本質なるものとして排除され、無矛盾系の透明な空間が目指された。都市内部の計画対象の数量が社会機構の成長とともに急速に巨大化していくが、それが生みだす内部構造の、モダン論理を超えた変質に対応する用意はモダニズム建築それ自身にはない。たとえば、非整合性の事象――街並みの風景もそのひとつだが――は混乱という非本質的な現象に過ぎない、いずれは消滅するものとして扱ってきた。ひとつの小さな地域、たとえば集合住宅団地で成功した方法を延長すれば、都市全体を美しく計画できると確信していた。都合の悪い事物を本質ではないと視野から取り除けば、計画の整合性――それはモダニズムの美といいかえてよい――は損なわれなかった。モダニズム都市論は、たとえば、街の雑踏風景というひとつの事象をめぐっても、本来は存在しないものという、閉じた古典体系のなかに移動した。都市を組成する事物の数が、今世紀初頭に比較して大数になったとき、その数量自体が内蔵している機能を、同じような線形予測では捕捉できなかった。数量の変化が質の変化を誘導すると、かつての唯物史観は掴んでいた。無論、それは空間性の混乱あるいはカオス事象のことではなく、政治経済の発達過程としての〈量から質への転換〉であった。

前世紀末のヨーロッパの先端都市で、ブルジョア階級のパトロンがそのサロンに芸術家や哲学者を集めた。それは学術芸術の先端を支援する機能をもっていた。注目を集めていた芸術家があるサロンを抜け、そのライバルのパトロンのサロンに移ると賑やかな話題になったというようなエピソードを読むと、近代初期社会とそれを取り巻く都市空間のスケールが掴める。サロンはエリートが運営する組織だから、実際の社会や都市のスケールはそれとは異なっているが、しかし、サロンやグループという小さな集まりのなかでの試論や試作から、今世紀初めの前衛運動が生まれたことも事実である。先

東京 錦糸町 天神橋から

オーストリア メルク

北九州 八幡

東京 水天宮付近

N.Y. ソーホー

マチュピチュ

オーストリア シュタイヤー

シュテファン

ニューヘヴン

渋谷駅前 1982

フランス カーン

⑦都市，彼方に

駆の建築家たちは工業技術社会への成長を的確に見通していたが、世紀後半のその組成の複雑さと要素数の大きさは、その見通しを遙かに上回った。現代社会の自律的な組成メカニズムによって加速された事態だから、前衛活動が取り扱う範囲外であった。

モダニズムの先駆者たちを支援した理論家S・ギーディオンはその名著『空間・時間・建築』で、建築表現はその時代の科学が把握しえた空間概念と〈同時代対応〉をもつ、たとえばルネッサンスはパースペクティヴ画法の思想、現代は今世紀初頭の相対性理論が描きだした空間構造と対応することを論証した。建築の論理や表現が難解な相対性理論の内容と具体的な対応が成り立つわけではないが、建築の空間認識と先端科学のそれと、問題把握の同時代的な意識が働いていたという文脈は魅力的だった。

数学から建築に転攻した五〇年代初めは、私は日本建築伝統を主題として研究と設計作業に入っていた。戦後日本建築の主流になっていたアメリカ経由のモダニズムを私は追うことはなかったが、空間認識と表現についての彼の記述は、日本伝統の思考構造を分析するときに、反射鏡面になった。そして、六〇年代初めは混乱の様相をもった空間事物系を取り扱う一般論理はまだ現れていなかったから、私の「混乱の美」は同時代精神としての論理の支援はなかった。しかし幸いに、七〇年代半ばに形成が始まり八〇年代末には専門外のわれわれまで情報が届くようになったカオス・ロジックによって、私の混乱の美というコンセプトは同時代連立をする科学があったことを知った。素粒子の振舞いは、それまでの物理の理論と矛盾した。論理そのものの組み替えで素粒子物理を出発させ、大きな飛躍をつくった。近代科学それ自身に内蔵されている論理飛躍のメカニズムである。「超大数集合都市」は私の現実の住宅設計と言説の都市論の相反二極を結んだ〈紐構造〉が捉えた。

住宅設計対象の〈数〉

「超大数集合都市」は住宅という最小単位空間を追う私の初期の設計作業のなかにその起点をもった。超大数集合と最小単位空間という両極空間を、中間地帯の膨大な建築一般領域を飛び越え、数量というひとつの事物を通して結んだ〈紐空間〉のなかにそれは写像された。

敗戦社会経済が回復に向かった五〇年代、建築活動の先頭に、すでに触れたように、住宅設計と生産があった。大きな建物を建てる条件がまだ整わず、戦災で壊滅した住宅が緊急の活動対象であり、アメリカの輝かしいデモクラシィ思想の基盤としての、合理主義・機能主義生活観の表現の場でもあった。個別の依頼者のための小住宅設計もその設計を繰り返していけば、やがて多数の住宅を実現でき

浅草 国際通り

N.Y. 五番街

N.Y. ロックフェラー・センター

東京 大久保

ワガヅグ郊外

サンパウロ遠望

⑦都市，彼方に

ると信じていたはずである。公営の集合住宅がこの達成の大きな力をもった。五〇年代には大衆社会論が文化人の注目を集めていたから、建築家もそれへの用意があったはずだが、単純な繰り返しによる複数化を超えた数量について、建築家は言及していなかった。モダニズム都市はこの対応法の直線的延長に期待されていた。

算術では1から無限大まで均質の延長になっているが、特定個人の特定条件に対応した設計方法を不特定多数の家族へ適応するためには、成りゆきでの単純繰り返し以外のプログラムが必要になる。複数生産が最初から計画されているのは、いわゆる一般プレハブ生産方式で、数多くの依頼者の条件に合うように、日常営業の結果の統計的整理を組み入れたデザインが用意される。それに資材と工法の経済性が考慮されて低価格工費を支える。独立住宅設計という建築家のいわば原則的な作業は個あるいは独立という生産条件なので、数量に対しては前もって何も用意はしない。

偶然なのであろう、生産会社が違う数戸のプレハブ住宅が並ぶ路地風景に、ある種の調和が浮かぶことがある。雑然とした東京風景のなかの新種の家並みは、プレハブ産業の営業成果を示すともいえよう。建築家に極めて少数の家族が設計を依頼、ほとんどは工務店が個別の設計条件に応え工事まで請け負う、いずれの形にも近隣との〈調和〉をつくる条件は原則的に含まれないが、プレハブ住宅は複数の、できれば多数の家族の好みに合うような〈平均的なスタイル〉を用意する。そして一方、ゆとりのある階層が表示しうる〈個別の好み〉に訴える〈イギリスのチューダースタイル〉、〈アメリカのコロニアルスタイル〉などを付加する。平均化と個別化が程よく混合する不思議な無国籍様式、それが東京の家並みの、限られた〈線分〉に新種の〈調和〉をつくりだす。

小さな建築空間としての、住宅のための私固有の特異解を提出し、それがどこかで一般解に転換する条件をたえず考えてきた。それは大学という研究の場で住宅という極めて個人的な小空間にかけるエネルギーの社会的存在理由の確認でもある。特定の家族のための住宅設計――特殊解と呼んでおく――に凝縮されたエネルギーは、もしそのプログラムを用意できれば、特異解から一般解へ転換されるはずだと私は確信していた。ある住宅が完成し、依頼者以外の多くの家族の共感も得たとき、それがそのまま複数化の条件とはいえないが、その家族数にも対応しうる住宅になるはずだと。その地点から一歩進んで、ひとつの原型を多数の、もし可能ならば〈大数〉の家族のための住宅として提示していく、「原型住宅」と呼ぶ生産方式の提起をした。この時点で平行して、住宅生産の基本形式は建築家による個別設計ではなく、いわゆるプレハブ住宅と呼ばれている企業生産が担うものだと私は発言している。六〇年代初めであり、少数のプレハブ企業がようやく日本で動き始めたときであった。そして同時に、個別設計のシステムを進めながら、プレハブ生産への特異な連動システムを私はそれによって提示した。

「1~無限大　複製原型住宅 Duplicated Original House」一九六四年

特定の家族の固有の設計条件に対応していく過程で、人間家族が生活するという一般問題の本質に関わる表現をもちえたとき、その特定の家族の特定の条件を超えて、複数の、あるいは多数の家族たちの共感を得ることができるだろう。ある家族の物語であるに過ぎない小説が、広範な読者の共感を得る、それが芸術のひとつの機能だが、ひとつの特異な空間構成が複数の家族のための空間構成に転換していく基本条件でもある。今世紀初頭、モダニズムの先頭に立った先駆者たちの代表的な建築作品として、小さな空間架構である住宅が集中表現し、計りしれない影響を世界の建築に与えてきたことは、これと同じ文脈位相にある。

私の初めての展覧会（画家・朝倉摂との二人展「デパートのなかに建った2つの家」朝日新聞社主催・藤田組協賛、小田急百貨店本店、一九六四年）の主題のひとつが、プレハブ産業とは似て、しかしコンセプトが異なったこのシステムであった（『住宅建築』前掲、『近代建築』一九六四年六月、他）。建築家自身がその複製数量を決める。1~無限大、1は個別設計、無限大は論理としては可能という記号である。私の提起した方式は、一般プレハブ産業が普及して、技術が十分に蓄積され、やがて類型があふれて足踏みをする段階——たとえば現在のような——で現実化するプログラムである。建築家自身がある数量を決めれば、それは限定生産のことになる。今ここでは、このシステムの輪郭をわかりやすくするため「複製原型住宅」と改めた。なお、天候に左右される農業生産のような現場加工から、工場で可能な限りプレハブ化する工法が前提になっているが、今ここでは数の問題だけに焦点をおいた。

建築の最小限単位の住宅設計のなかに、単体から無限大までの数量との対応システムを組み込んだ。この時点、六〇年代初めは〈現代都市の混乱の美〉という、私の都市コンセプトの起点でもあった。いずれも大数集合への対応の表明であった。本来的に大数集合である都市と、その対極の単位空間、私はそれらに同じ〈数の振舞い〉を見てきた。その四〇年後の都市コンセプト、「超大数集合都市」はこの主題系の到達点にある。

大数集合系の秩序と混乱

巨大都市、たとえば東京、それを埋めつくした住居のほとんどは、地域的繋がりをもった小規模工務店が依頼者の条件に、たぶん細かく応対しつつ工事した一、二階建ての木造小住宅あるいは店舗つき住居である。それが〈調和〉という、一般にそのように幻想されている風景から遠く離れた〈不思議なランダムさの街並み〉をつくってきた集合体である。意欲的な建築家の作品がここに加わったとしても、調和をつくる働きはしない。個の設計の質、施工の質の高低の結果ではなく、大数集合系の〈大数〉という事物それ自身がもつメカニズムの特性である。この大数集合系の一単位のなかに生活する家族の記憶のなかには、戦前以来の住居様式あるいは生活様式の記憶もまだ多く残っている一方、現在流行の住居スタイルについてのジャーナリズム情報断片も混合される。この単位空間の気ままな形の組み立てが、大数集合の構造と表情を決めていく。大数集合系の構造がそれらを寛容に受け入れ、目の前の街並みになる。第三者の視点からは、これはひとつの〈自然発生〉の風景といってよい。建物輪郭についての基準法以外の規制がない大数集合系は、無数の単位の思い思いの姿の、とめどない展開を許容する。ここで自然発生過程と呼んだものは近世までの日本民家伝統の形成過程と共通するメカニックなのだが、組成単位が形、色、素材の取りうる無制限に近い選択と、今日の集合組成数の比較にならない大数との掛け算で、ここまで表情が異なる風景を生んだ。この街並みに醜悪という非難以外の対応ができない人たちには、この風景を支える構造のユニークさは理解の外にある。

日本人の容貌もこの街並みも西欧の美学あるいはインターナショナル・モダニズムを土台にして形成されたわけではない。どこの国でも伝統を基底に固有の歴史・社会諸条件の集積を背景に、その時点の社会風土の諸条件を吸収しつつ、その街並みが生成された。東京の日常の街並みに、私は日本固有の〈美〉と〈魅力〉を見る。もちろんそれらは西欧の同じ用語で表わされるものと異系の意味系のなかにある。

五〇年代の日本モダニズム高揚期、敗戦を契機に人びとの気持ちがそこから遠のいていた日本伝統に魅かれて、その封建制度のなかで凝縮様式化された特異な思考と私は向かい合ってきた。その中核は簡潔と静止の美学である。しかし、私のこの作業の六〇年代初め、すでに、簡潔静止の美と対極の混乱の美が、現代の集落、その代表の東京の街並み表層を覆っていた。しかし伝統の表情から離れてしまっているこの街並みにふと私は引きつけられた。魅力という言葉を当てるのがためらわれるような商店通りでも、人びとの動き、生活周りの装置に漂う生き生きとした表情が好きだ。それは紛れもない日本の家並み。

江戸期まで簡潔な素材の構成美を築いてきた国と人、それが突然理由もなく〈醜悪さ〉をつくることはない。今、目の前に広がる風景、それは日本人の美感覚に遺伝子として組み込まれている機能の活動結果なのだ。この巨大都市の日常風景は、一世紀近い明治・大正・昭和期が築いた〈新伝統〉であり、江戸期までの古典伝統に矛盾なく接合すると私は措定した（「日本伝統は東京カオスを接合した」『新建築』一九九八年八月）。

「秩序の美」と「混乱の美」の間の脈絡ないように見える接合。ここでは〈日本の美学〉を整合性の単純系と措定できないだろう。秩序も混乱も、日本人の空間感覚の基底の土壌に開花した華だ。この乱暴な接合も、また日本の美学である。

「超大数集合都市 super big number set city」一九九九年

超大数の人と物の集合組織が稼動する都市を、東京が最初に実現した。人口数が東京より大きい都市があるかもしれないが、ハードとソフトの両面の先進技術で集合系基礎が支持され、治安がよく保たれた高度資本経済社会という条件も要請される。この集合数は単調なリズムで数えられるスケールではない。集合論の可付番集合と非可付番集合という区分を比喩に使えば、東京はほとんど非可付番集合。「超大数集合都市」(『GA JAPAN 38』一九九九年五-六月、「篠原一男経由、東京発の東京論」のなかで私は初めて使った)は今までの大都市の様相の単純な延長ではない。

カオス・ロジックのひとつの領域に〈アモルファスな組成〉の合金組織がある。近距離間の組織秩序は明確に保たれているが、遠距離のそれは脈絡が見えないカオス状になっているという。熱伝導でユニークな現象が生起する。東京もこの合金の組織に似ている。小さな近隣の秩序ははっきりと保たれているが、しかし、遠距離の集合系間を結ぶ脈絡が見えない。しかし、このカオス状の輻輳組織の現実の運転機構には滞りがない。

ある大きさの数量をこえた事物の集まりは、一般に、破滅への準備段階にある。この超大数集合都市もそれと共通する条件をもつ。しかし、今その負の部分を気づかせず、都市機能は運行されていく。私の住居の窓から、朝と夕刻には大量な乗客を運ぶ電車が、文字通り間断なくすれ違う。何年も前のことだが、東海道新幹線、東京到着の少し前、定刻から三分遅れたと断わりの車内放送を聞いたが、それは時速二〇〇キロ、三時間の輸送技術が内蔵した驚異機能。

高度な工業技術力と高水準の社会経済力に支えられて、超大数集合都市のメカニックが稼動するその今世紀後半のモダニズム技術の合理性機能性の到達点と、同系のモダニズム建築が期待した整合美の集合系とは大きくズレた混乱風景、この二極間に張られた都市はダイナミックな乱暴運転で逞しく稼動している。

政治や巨大資本は、その構造自体がもつ働きで、行政官庁や金融産業資本施設を核にして新首都計画を目指すだろう。もしそれができれば、雑踏の街、東京はその超大数集合系に蓄えてきた諸機能——そのなかには〈新種の中世的機能〉も抱えている——を全開して、計画が隅ずみまで行き届いた整然とした〈新首都〉とのびのびと向かい合っていくだろう。まだ下町に残っている家並みの〈美〉がそのとき改めて注目されるだろう。ブラジリアの華麗なモダニズム新首都ができたとき、建設工事に携わった労働者たちの仮設的な住居群が残っていて、新首都を訪れた人びとがそこに生き生きとした街を見たと語った話を当時読んだ記憶がある。これは壮大な未来的都市計画の否定のための引用ではない、〈乱雑な風景〉のなかに人びとが思いがけない何かを見つけたのだ。東京の下町は、たとえば、そのような仮設性の面白さに頼らない。

下町の雑踏の真中に、ニューヨーク六番街のきりりとした〈キューブのパレード〉が出現すれば本来の楽しさがさらにはっきり現れるだろう。その通りの少し先に、サンパウロ・パウリスタのモダニズム建築のダイナミックなパレードが続けばさらに楽しい。いずれも五〇年代モダニズム最高期の見事な結晶体である。下町の生き生きとした雑踏はそれらを迎えて、その雑踏をさらに活性化するだろう。

九〇年代日本の成熟し切ったモダニズムが組み上げた副都心と呼ばれる新宿の風景に漂う〈懐かしさ〉に私はふと気づいた。望遠のシルエットは集落群生のよう。それは自然発生的な道路形と個別敷地の不整形性輪郭が、普通の住宅地のようにランダムに接続されているからだ。ここを歩くと、たとえばマンハッタンの格子街区の整形地割りではない、古い民家集落のような視線の受け止めがある。そして古い集落のもうひとつの条件の、建物の形や材料の共通性と同じもの、超高層という特異な架構を解決する建築技術が必然的に収斂する形が現れる。緩やかなランダム性を含んだ調和、それは中世的な風景を支える条件のひとつ。

緩やかなランダムネスと穏やかな統一性が漂う世界の民家集落をかつて私は〈きのこ群生〉と措定した（『住宅建築』前掲、他）。その集落が自然増殖して、中世都市が生まれた。その中世から遠く離れた「超大数集合系」のなかに懐かしい〈きのこ群生〉のシルエットとして現れる。

「超大数集合都市」には、その数量の大きさそれ自体が抱えた〈負〉の問題があるはずだ。たとえば、この超大数集合系の運転に必要な物質量とエネルギー量の気の遠くなるような大きさである。それらの流入と廃棄が混乱なく営まれるためには、この集合系は〈開放性組織〉でなければならない。その外部環境、すなわち自然環境の許容量に余裕があることが前提になっている。すでにさまざまな日常事象でこの問題が浮上しつつあるが、確実な解決は次第に困難になっていくだろう。あるいはまた、社会的犯罪の増加に結びつけられることもあるだろう。しかし、建築空間集合の構築とこれら社会的リスクの因果関係を直接結ぶのは建築家の問題を超える。今までの都市計画では〈負〉の対象に入っていた、とめどもなく広がった雑踏の街並み風景という事物を、まず私はそこから切り離した。未来に向かう都市のための新しい〈正〉の事物として、それを照射し復権させることがこの「超大数集合都市」の作業のひとつである。

住宅という極小空間の表現を追求する過程の私の方法自体の特性によって、その対極領域の巨大空間、都市のためのコンセプトが遠隔誘導され、「超大数集合都市」の初期段階の輪郭が立ち上がった。物理学主流の物性論の広い領域を飛び越えて、素粒子論と宇宙論が遠隔作用で連立共振するように、住宅と超大数集合系を結ぶ〈紐理論〉のスケッチを私は描いた。超大数集合系から相反性の反転、最小単位空間としての新しい住宅を照射すること、それは私の次の作業主題である、もしその時間が私に許されるならば。

閉鎖系と開放系の新しい交錯

中世的な構成の余韻が美しく残った、たとえばイタリアの山岳小都市は現代の工業生産社会のさまざまな物質属性との対応が難しい。歴史がそのまま凝結したような〈美の組織〉の宿命である。東京はそれとは対照的な組み立て。江戸期の地名の余韻、たとえば日本橋の、水流の上の高速道路の架構、現代の物質属性との間に即物的な開放系をつくって東京は生きる。そして一方、このような環境のなかも生きのびてきた、日常生活の古い様式が共存する。

東京の通りを歩くとき思いがけなく出会う、家並み線分空間の無作為の〈造形〉を私は楽しんでいる。しかし、すべての風景をこの文脈で認めているのではないことをここに明記しておこう。古い生活習慣のすべてを消滅させることなく、巨大資本が駆使する現代技術の物質属性にも巧妙にそして乱暴に対応する、この柔軟と乱暴の振舞いがこの開放系組織都市、東京の特性の中核なのだ。

もし敗戦直後輸入されたモダニズムを翻案して、この国の現実に合わせることを努力してきた日本モダニストの夢、ひとつの原理《プリンシパル》が行き届いた整然とした都市は、この現実とは遠く離れた。しかし、それは幸いな成りゆきだった。輸入再加工の統一デザイン法が行き届いたときの街、通り、広場に現れるであろう奥行きを欠いた単調さについて気づいていない。ヨーロッパの国の首都周辺で、その部分集合としての〈モダニズム新市街〉が実現したが、風景の透明さの表現を超えることは難しい。プログラムになかったであろう、堅固な歴史性を蓄積した、迷路のような路地を抱えた旧市街に、奥行きの深い空間の魅力を改めて感じさせる役目をその新市街風景がつくりだしている。東京にはそれと同じような文脈で機能する堅固な歴史性を刻み込んだ閉鎖系旧市街はないから、このようなヨーロッパ的なドラマの上演はない。しかし、たとえば新宿副都心という建築集合がその周辺の小さな木造住宅の途方もない数と広がりの風景との組み合わせは新種の空間の快楽。モダニズムが生き延びるひとつの型をそこに見た。一方では都市アモルファスといえるような軽量で不思議な組成メカニックの〈江戸—東京〉空間、そして成熟しきったモダニズムとのドラスチックな組み合わせをつくりだす。都市構成の歴史文脈がまったく違った国からの訪問者に、確実な保証はできないが、興味溢れる街並み、ときには未来都市を予感させる風景として映っているはずである。

イタリア山岳都市、たとえば、の完結した美しい造形は、今までの技術社会の生産品とは視覚的齟齬をつくるだろう。超大数集合系はそのような齟齬に無頓着に成長してきた。あらゆるレヴェルの技術生産品の装着でも乱されることがない乱暴な構造を備えている。東京は、今のところの見通しでは、未来都市の資格チェックポイントも巧みに摺り抜けていくだろう。しかし、最も新しい技術、たとえば通信情報技術がさらに飛躍成長をすれば、これとの組み合わせではイタリア山岳都市の完結した構成も乱されることはない。「超大数集合都市」とは異系組成の「未来都市」がそこに実現するかもしれない。

古い体系を脈絡なくいたるところに同居させたまま「超大数集合都市」は稼動していく。最新科学領域のカオス・メカニズムのような複雑系機能を東京は備えて、乱暴だが、その試運転にも成功しつつある。原型モダニズムの運動と成果を、それが生まれた土地で、日常身近な事物として見てきたヨーロッパの建築家たちのほうが、多分、リラックスしてクールな観察をするだろう。

ここは新種の開放系都市、その尖端に新種の〈空間の快楽〉が跳梁する。

GA

超大数集合都市へ
2001年2月15日発行

著者 篠原一男
企画・編集・発行 二川幸夫
印刷・製本 図書印刷株式会社
発行 A.D.A. EDITA Tokyo Co., Ltd.
東京都渋谷区千駄ヶ谷3-12-14
TEL. (03)3403-1581
FAX. (03)3497-0649
E-MAIL: info@ga-ada.co.jp

ISBN4-87140-656-3 C1052